北京高校"优质本科课程"配套教材
北大社·"十四五"普通高等教育本科规划教材
高等院校机械类专业"互联网+"创新规划教材

智能制造技术

主　编　周庆辉

副主编　李志香

参　编　高　伟　　马兴灶

　　　　谢贻东　　肖　龙

U0230776

北京大学出版社

PEKING UNIVERSITY PRESS

内 容 简 介

本书为智能制造应用型人才培养系列教材，全书共分为七章，主要介绍了智能制造的概念和发展现状、智能制造理论体系、智能制造数字化、智能制造网联化、智能制造智能化、工业机器人、智能设备等相关知识。学生可初步了解智能制造的相关概念和原理，掌握智能制造的概念和发展历程。

本书可作为高等学校机械类专业本科生和硕士研究生"智能制造技术"课程的主要教材，也可作为从事智能制造相关技术领域研究人员的参考用书。

图书在版编目（CIP）数据

智能制造技术 / 周庆辉主编 . - - 北京：北京大学出版社，2024.9. - -（高等院校机械类专业"互联网+"创新规划教材）. - - ISBN 978 - 7 - 301 - 35471 - 1

Ⅰ. TH166

中国国家版本馆 CIP 数据核字第 2024Q002A4 号

书　　　　名	智能制造技术	
	ZHINENG ZHIZAO JISHU	
著作责任者	周庆辉　主编	
策 划 编 辑	童君鑫	
责 任 编 辑	关　英	
数 字 编 辑	蒙俞材	
标 准 书 号	ISBN 978 - 7 - 301 - 35471 - 1	
出 版 发 行	北京大学出版社	
地　　　　址	北京市海淀区成府路 205 号　　100871	
网　　　　址	http：//www. pup. cn　　新浪微博：@北京大学出版社	
电 子 邮 箱	编辑部 pup6@ pup. cn　　总编室 zpup@ pup. cn	
电　　　　话	邮购部 010 - 62752015　　发行部 010 - 62750672　　编辑部 010 - 62750667	
印 刷 者	三河市北燕印装有限公司	
经 销 者	新华书店	
	787 毫米×1092 毫米　　16 开本　　10.25 印张　　250 千字	
	2024 年 9 月第 1 版　　2024 年 9 月第 1 次印刷	
定　　　　价	39.00 元	

前　　言

　　智能制造是先进制造发展的最新形态、我国制造业转型升级的主要路径、我国加快建设制造强国的主攻方向。在当今数智化时代，新一代信息技术与先进制造技术深度融合而成的智能制造技术对加快发展现代产业体系、巩固并壮大实体经济根基、构建新发展格局、建设数字中国有重要作用。

　　随着智能制造技术在企业中的日益推广，智能制造人才的缺口越来越大。本书作为智能制造相关技术的教材，为教育部"新工科"专业建设、教学改革和课程建设提供了有力支撑。本书适用于机械类及近机械类专业的本科生和硕士研究生。为适应我国对高等学校智能制造应用型人才培养的需要，配合新形态教材的改革要求，本书集多媒体资源于一体，结合趣味案例，引入实际工程案例，融合视频材料等，以激发学生的学习兴趣，使学生可以将理论应用到实际中。通过扫描书中的二维码，学生可以进入数字端在线资源，以理解重难点，拓展相关知识，对重要概念、公式、原理等进行梳理，加深对知识的理解，也方便期末复习。

　　智能制造技术作为一种新型的先进生产手段，在制造业中得到了广泛的应用。本书分析了我国智能制造的发展现状；介绍了世界主要国家智能制造的发展战略，针对智能制造的发展趋势和目前存在的问题提出了相应的对策和建议；紧密围绕智能制造的数字化、网联化和智能化，讲解了智能制造关键技术、智能制造系统、智能制造装备和智能工厂等，包括原理介绍、方法总结、功能实现及技术应用等。

　　全书共分为七章，各章内容如下。

　　第1章　走进智能制造：从传统制造到智能制造，主要介绍智能制造的概念和发展现状、智能制造的各国政策。

　　第2章　总体架构：智能制造理论体系，主要介绍智能制造系统的背景、定义、特征、支撑技术和体系理论，以及智能制造架构及关键技术。

　　第3章　数字化：智能制造的基石，主要介绍数字化设计的概念和作用、智能计算机辅助设计系统及设计方法、数字孪生技术和虚拟现实技术。

　　第4章　网联化：使制造互联互通，主要介绍5G的概念、原理及其在智能制造中的应用，互联网在智能制造过程中的作用，工业物联网的概念和原理，大数据技术，以及云计算技术。

　　第5章　智能化：使制造真正智能，主要介绍人工智能技术在智能制造中的应用案

例、人工智能算法的应用场景、智能控制算法的发展和应用。

第 6 章　工业机器人：智能制造的主力军，主要介绍工业机器人的概念和作用、工业机器人的组成及其功能、工业机器人在智能制造中的作用。

第 7 章　智能制造装备：迈向智能时代，主要介绍当前智能制造装备的发展现状、典型智能制造装备的技术和原理，如智能机床、3D 打印机、智能化生产线、智能工厂的原理及组成等。

本书按照教学大纲中规定的内容和体系，在学生学习过程的不同环节设计教材内容及其配套资源。

本书由北京建筑大学周庆辉任主编，国家开放大学李志香任副主编，湖北汽车工业学院高伟，岭南师范学院马兴灶，北京市建设机械与材料质量监督检验站有限公司谢贻东，北京理工大学前沿技术研究院肖龙任参编。在编写过程中，编者得到了兄弟院校师生和相关企业技术人员的帮助，在此表示感谢。

本书难免有疏漏之处，欢迎广大读者提出宝贵意见。

编　者

2024 年 5 月

【资源索引】

目　　录

第1章
走进智能制造：
从传统制造到智能制造

案例引入

　　芯片作为集成电路的载体，广泛应用在手机、军工、航空航天等领域。但是，我国芯片长期依赖进口，缺乏足够的自主研发能力。目前，华为、联发科（MediaTek）、紫光展锐（Unisoc）等中国企业在芯片设计方面取得了一些进展。特别是华为的海思半导体在高端芯片设计方面取得了显著成果，其生产的麒麟芯片注重性能和功耗之间的平衡，集成了强大的人工智能计算能力。中国芯片制造如图 1.1 所示，我国是世界上第一大芯片市场，芯片自给率在 2025 年将达到 70%。创新是引领发展的第一动力，我国发展历史告诉我们，落后就要挨打。因此，芯片强国的战略刻不容缓。

图 1.1　中国芯片制造

【拓展图文】

　　芯片制造离不开高精度的光刻机，更离不开智能制造。在半导体制造领域，智能化的制造流程是提高效率和降低成本的关键。通过学习"智能制造技术"课程，我们将敲开神秘的智能制造之门，探索它的历史，解读它的基本原理，讨论它的未来发展趋势。

1. 了解智造系统的发展
2. 掌握智能制造的定义及特点
3. 了解世界主要国家的智能制造发展战略

制造业是国民经济的支柱产业，是工业化和现代化的主导力量，是衡量一个国家或地区综合经济实力和国际竞争力的重要标志，也是国家安全的保障。当前，新一轮科技革命与产业变革风起云涌，以信息技术与制造业加速融合为主要特征的智能制造成为全球制造业发展的主要趋势。中国机械工程学会组织编写的《中国机械工程技术路线图》提出了到2030年机械工程技术发展的五大趋势和八大技术，认为智能制造是制造自动化、数字化、网络化发展的必然结果。

智能制造的主线是智能生产，而智能工厂、智能车间是智能生产的主要载体。随着新一代智能技术的应用，国内企业将向自学习、自适应、自控制的新一代智能工厂进军。新一代智能技术和先进制造技术的融合，将使生产线、车间、工厂发生革命性变革，提升到历史性的新高度，从根本上提高制造业质量、效率和企业竞争力。

1.1　制造系统的发展

1.1.1　制造系统的演变历史

【拓展视频】

在新石器时代，人类用天然石料制作工具进行采集、狩猎、种植和放牧，以利用自然为主。到了青铜器时代、铁器时代，人们开始采矿、冶金、铸锻工具、织布成衣和打造车具，发明了刀、耙、箭、斧等简单工具，满足以农业为主的自然经济，形成了家庭作坊式手工生产方式，生产动力仍旧是人力，局部利用水力和风力。这种生产方式使人类文明的发展产生了飞跃，促进了人类社会的发展。

1765 年，瓦特发明的蒸汽动力机提供了比人力、畜力和自然力更强大的动力，促使纺织业、机器制造业取得了革命性的变化，引发了第一次工业革命，出现了制造厂，生产效率有了较大的提高，揭开了近代工业化大生产的序幕。但是，机器生产方式仍然是作坊式的单件生产方式。

近代工业的流水生产始于 20 世纪初，美国福特汽车公司当时只限于单一对象的装配流水生产。后来，大批量流水生产线的应用越来越广泛，单一对象发展为多对象，装配流水线发展为加工、运输、存储和检查一体化。大批量流水线生产又称重复生产，用于生产大批量标准化产品，当同类产品的生产数量和生产规模达到一定程度时，可以提高生产效率和管理水平。但是，大批量流水线生产以牺牲产品的多样性为代价，生产线的初始投入大，建设周期长，刚性无法适应变化的市场需求和激烈的市场竞争。

从 20 世纪 50 年代开始，人们逐渐认识到大批量流水线生产存在许多难以克服的缺点和矛盾。面对市场的多变性、消费者需求的个性化、产品品种和工艺过程的多样性及生产计划与调度的动态性，人们被迫寻找新的生产方式，以提高企业的柔性生产效率。至此，生产系统朝着自动化、柔性化、智能化、集成化、系统化和最优化的方向发展，从而提高企业的整体素质和效益。

1.1.2 制造与智能

随着制造业面临的竞争与挑战日益加剧，传统的制造技术与信息技术、现代管理技术结合的先进制造技术得到了快速发展，先后出现计算机集成制造、敏捷制造、并行工程、大批量定制、合理化工程等相关理念和技术。随着人工智能技术的发展，人工智能技术和制造技术结合，形成了智能制造。因此，要理解智能制造的内涵，必须先了解制造和人工智能技术的内涵。

制造是把原材料变成有用物品的过程，它包括产品技术、材料选择、加工生产、质量保证、管理、营销等一系列有内在联系的运作和活动，这是对制造的广义理解。对制造的狭义理解是从原材料到成品的生产过程中的部分工作内容，包括毛坯制造、零件加工、产品装配、检验、包装等环节。对制造概念广义和狭义的理解使"制造系统"成为一个相对的概念，小至柔性制造单元（flexible manufacturing cell，FMC）、柔性制造系统（flexible manufacturing system，FMS），大至车间、企业，乃至以某企业为中心（包括其供应链）形成的系统，都可称为制造系统。就包括的要素而言，制造系统是人、设备、物料流/信息流/资金流、制造模式的组合体。

人工智能（artificial intelligence，AI）是智能机器执行的与人类智能有关的功能，如判断、推理、证明、识别、感知、理解、思考、规划、学习和问题求解等思维活动。人工智能具有一些基本特点，包括对外部世界的感知能力、记忆和思维能力、学习和自适应能力、行为决策能力、执行控制能力等。一般来说，人工智能分为计算智能、感知智能和认知智能三个阶段。第一阶段为计算智能，即快速计算和记忆存储能力；第二阶段为感知智能，即视觉、听觉、触觉等感知能力；第三阶段为认知智能，即能理解、会思考，是目前机器与人类差距最大的地方，使机器学会推理和决策非常困难。

将人工智能技术和制造技术结合实现智能制造有以下好处。

（1）智能机器的计算智能比人类的高。在一些有固定数学优化模型、需要大量计算但无须进行知识推理的情况（如设计结果的工程分析、高级计划排产、模式识别等）下，与人类根据经验进行判断相比，智能机器能更快地给出更优的方案，因此，智能优化技术有助于提高设计与生产效率、降低成本、提高能源利用率。

（2）智能机器对制造工况的主动感知和自动控制能力比人类的高。以数控加工过程为例，"机床/工件/刀具"系统的振动、温度变化对产品质量有很大影响，需要自适应调整工艺参数，但人类难以及时感知和分析这些变化。因此，应用智能传感与控制技术，实现"感知—分析—决策—执行"的闭环控制，能显著提高制造质量。因为在企业的制

造过程中存在很多动态变化的环境，所以系统中的某些要素（设备配置、检测机构、物料输送和存储系统等）必须能动态且自动地响应系统变化，这就依赖于制造系统的自主智能决策。

（3）随着工业互联网等技术应用的普及，制造系统正在由资源驱动型向信息驱动型转变。制造企业拥有的产品生命周期数据可能是非常丰富的，基于大数据的智能分析方法有助于创新或优化企业的研发、生产、运营、营销和管理过程，为企业带来更高的响应速度、更高的生产效率和更深远的洞察力。工业大数据的典型应用包括产品创新、产品故障诊断与预测、企业供应链优化和产品精准营销等方面。

由此可见，无论是在微观层面还是在宏观层面，智能制造技术都能给制造企业带来切实的好处。在我国从制造大国迈向制造强国的过程中，我国制造业面临五个转变：从产品跟踪向自主创新转变；从传统模式向数字化、网络化、智能化转变；从粗放型向质量效益型转变；从高污染、高耗能向绿色制造转变；从生产型向"生产＋服务"型转变。在这些转变过程中，智能制造是重要手段，也是制造业创新驱动、转型升级的制高点、突破口和主攻方向。

国际上，智能制造的对应术语是"smart manufacturing"和"intelligent manufacturing"，"smart"被理解为具有数据采集、处理和分析的能力，能够准确执行指令、实现闭环反馈，但尚未实现自主学习、自主决策和优化提升；"intelligent"被理解为可以实现自主学习、自主决策和优化提升，是更高层级的智慧制造。国际上达成的普遍共识是智能制造还处于"smart"阶段，随着人工智能的发展与应用，未来将实现"intelligent"。智能制造不是一种单元技术，而是企业持续应用先进制造技术、现代企业管理，以及数字化、自动化和智能化技术，以提升企业核心竞争力的综合集成技术。智能制造技术是计算机、工业自动化、工业软件、智能装备、工业机器人、传感器、互联网、物联网、通信技术、人工智能、虚拟现实、增强现实、增材制造、云计算、新材料、新工艺等相关技术蓬勃发展与交叉融合的产物。

1.2　智能制造的定义及特点

智能制造源于对人工智能的研究，是自 20 世纪 80 年代以来由高度工业化的国家首先提出的一种原创性技术。智能制造可以在受限的、没有经验知识的、不能预测的环境下，根据不完全的、不精确的信息来完成拟人的制造任务。

1.2.1　智能制造的定义

智能制造（intelligent manufacturing，IM）是一种由智能机器和人类专家共同组成的人机一体化智能系统，它能在制造过程中进行智能活动，如分析、推理、判断、构思和决策等。人类专家与智能机器合作，可以扩大、延伸和部分取代人类专家在制造过程中的脑力劳动。它把制造自动化的概念更新并扩展到柔性化、智能化和高度集成化。智能制造包括智能制造技术（intelligent manufacturing technology，IMT）与智能制造系统（intelligent manufacturing system，IMS）。

（1）智能制造技术。

智能制造技术是指利用计算机模拟人类专家的分析、推理、判断、构思和决策等智能活动，并将这些智能活动与智能机器有机融合，使其贯穿应用于制造企业的各子系统（如经营决策、采购、产品设计、生产计划、制造、装配、质量保证和市场销售等）的先进制造技术。智能制造技术能够实现整个制造业经营运作的柔性化和高度集成化，延伸或取代制造环境中人类专家的部分脑力劳动，并对人类专家的智能信息进行收集、存储、完善、共享、继承和发展，从而极大地提高生产效率。

（2）智能制造系统。

智能制造系统是由部分或全部具有一定自主性和合作性的智能制造单元组成，在制造活动全过程中表现出智能行为的制造系统。其主要特征是在工作过程中对知识的获取、表达与使用。根据知识来源，智能制造系统可分为两类：一是以人类专家系统为代表的非自主式制造系统，该类系统的知识由人类专家的制造知识总结而来；二是建立在系统自主学习、进化与组织基础上的自主式制造系统，该类系统可以在工作过程中不断地自主学习、完善并进化自有知识，因而具有强大的适应性及高度开放的创新能力。随着以神经网络、遗传算法与遗传编程为代表的计算机智能技术的发展，智能制造系统逐步从非自主式智能制造系统向具有持续发展能力的自主式智能制造系统过渡。

1.2.2　智能制造的特点

当前，世界范围内先进制造技术正向信息化、自动化、智能化的方向发展，智能制造日益成为未来制造业发展的核心内容。《智能制造发展规划（2016—2020年）》指出，智能制造是指基于新一代信息通信技术与先进制造技术深度融合，贯穿于设计、生产、管理、服务等制造活动的各个环节，具有自感知、自学习、自决策、自执行、自适应等功能的新型生产方式。

智能制造的发展趋势既要体现智能、绿色、高效等宏观方向特点，又要依托诸多细分技术的交叉结合与不断更新。在工厂管理及运营方面，首先需要构建先进的信息化平台架构，并依托广泛的信息采集与工业通信机制，建立灵活、稳健的工厂信息流，使工厂内横向和纵向基于各层面、职能与环节的分支系统实现更加紧密的连接和集成。在生产规划方面，需要实现从预估计划性生产到由精准需求拉动柔性化生产的转变；在产品管理上，需要实现产品生命周期管理，并在这一过程中受益于数字孪生、数据挖掘等技术的应用实践。在设备方面，推广并研发支持信息交互、柔性化生产、自诊断等功能的新型智能化设备，以及具有高精度、高速度等性能的特种设备；大力推进机器视觉系统、智能电机系统、高级运动控制等产品与技术在生产设备上的应用，提高生产设备的智能性、精准性、安全性及生产效率。

与此同时，需要进一步提高大数据分析和云计算等在智能制造核心领域的重要地位，其与工业制造业的融合及在经济管理上的应用是智能制造发展的关键。网络通信技术作为设备互联的基础，对智能制造而言也占有相当重要的地位。此外，控制领域需要与数据、人工智能等紧密结合，实现自适应控制。

与传统制造相比，智能制造涉及以下四个层面的智能化。

（1）产品的智能化。智能制造的产品均趋于成为智能终端，可通过物联网相互联接。

（2）装备的智能化。智能制造的单元、单机、机器人向智能的生产线、智能的生产系统演变。

（3）流程的智能化。企业的组织架构、企业之间的交互需要重新构建与调整，以适应产品和装备的智能化。

（4）服务的智能化。制造服务化就是制造企业为了获取竞争优势，将价值链由以制造为中心向以服务为中心转变。因此将数字技术、智能技术、泛在网络技术及其他新兴信息技术集成应用到服务中是智能制造的主要内容。

智能制造集自动化、柔性化、集成化和智能化于一身，可以实时感知、优化决策、动态执行，从而呈现出以下特点。

（1）自组织能力。

自组织能力是指智能制造系统中的智能设备能够按照工作任务的要求，自行集结成最合适的结构，并按照最优方式运行。完成工作任务后，该结构随即自行解散，以备在下一个工作任务中集结成新的结构。自组织能力是智能制造系统的一个重要标志。

（2）自律能力。

自律能力是指搜集与理解环境信息，并进行分析、判断和规划自身行为的能力。智能制造系统能根据周围环境和自身作业状况的信息进行监测和处理，并能根据处理结果自行调整控制策略，以采用最佳行动方案。自律能力使整个智能制造系统具备抗干扰、自适应和容错的能力。

（3）自我学习能力和自我维护能力。

智能制造能以原有的人类专家知识为基础，在实践中不断学习，完善系统知识库，并删除知识库中错误的知识，使知识库趋向最优；同时对系统故障进行自我诊断、排除和修复。此特点使智能制造系统能够自我优化并适应各种复杂的环境。

（4）人机一体化。

智能制造不仅是人工智能，而且是一种人机一体化的智能模式，是一种综合智能。人机一体化一方面突出了人类在制造环境中的核心地位；另一方面，在智能机器的配合下，可以更好地发挥人类的潜能，使人机之间表现出一种平等、相互理解、相互协作的关系，使二者在不同的层次上各显其能、相辅相成。因此，在智能制造中，高素质、高智能的人类将发挥更好的作用，机器智能和人类智能将真正地集成。

（5）虚拟现实。

虚拟现实是实现高水平人机一体化的关键技术，人机结合的新一代智能界面使虚拟手段智能地表现现实，它是智能制造的一个显著特征。

1.2.3 先进制造与智能制造

先进制造是一种基于先进技术和管理思想的制造模式，包括现代生产技术、高效生产管理和创新产品设计。先进制造注重产品质量、生产效率和环保，强调产品质量、生产效率和环保的综合提升。先进制造的目标是以最少的资源和时间制造出最优质的产品，以提高企业竞争力和市场份额。

智能制造是在先进制造的基础上发展起来的一种制造模式，它强调生产过程的自动化、智能化和柔性化。智能制造注重数据的搜集、分析和利用，它利用人工智能、大数据、物联网等新兴技术实现生产过程的智能化。智能制造的目标是提高生产效率和质量、降低生产成本和环境污染，同时满足个性化、多样化和快速变化的市场需求。

先进制造与智能制造具有下列相同点。

（1）都是基于现代技术和管理思想的制造模式，追求高效生产和创新产品设计。

（2）都注重产品质量、生产效率和环保，追求生产过程的持续改进。

（3）都强调提高企业竞争力和市场份额，推动制造业的发展和进步。

但是，先进制造和智能制造有以下区别。

（1）先进制造注重生产技术、生产管理和产品设计方面的提升，强调生产效率和质量的综合提升；而智能制造注重利用新兴技术实现生产过程的自动化、智能化和柔性化。

（2）先进制造注重优化现有生产流程并提高效率；而智能制造注重数据的搜集、分析和利用，从而实现生产过程的智能化和最优化。

（3）先进制造注重产品质量、生产效率和环保的综合提升；而智能制造注重满足个性化、多样化和快速变化的市场需求。

1.3　世界主要国家的智能制造发展战略

1.3.1　"工业4.0"

工业革命是现代文明的起点，也是人类生产方式的根本性变革。18世纪末的第一次工业革命创造了机器工厂的"蒸汽时代"，20世纪初的第二次工业革命将人类带入大量生产的"电气时代"，这两个时代的划分是公认的。20世纪中期，计算机的发明、可编程控制器的应用使机器不仅延伸了人类的体力，而且延伸了人类的脑力，开创了数字控制机器的新时代，使人机在空间和时间上分离，人类不再是机器的附属品，而是机器的主人。从制造业的角度，这是凭借电子和信息技术实现自动化的第三次工业革命。

21世纪以来，互联网、新能源、新材料和生物技术正在以极快的速度形成巨大的产业能力和市场，将使整个工业生产体系提升到新的水平，推动一场新的工业革命。德国技术科学院等机构联合提出"工业4.0"战略，旨在确保德国制造业的未来竞争力和引领世界工业的发展潮流。德国技术科学院划分的四次工业革命的特征如图1.2所示。

"工业4.0"与前三次工业革命有本质区别，其核心是信息物理系统（cyber‐physical system，CPS）。信息物理系统是指通过传感网紧密联接现实世界，将网络空间的高级计算能力有效运用于现实世界，从而在生产制造过程中，与设计、开发、生产有关的所有数据都通过传感器采集和分析，形成智能制造系统。

"工业4.0"的本质是基于CPS实现智能工厂。"工业4.0"的核心是动态配置的生产方式。"工业4.0"报告中描述的动态配置的生产方式主要是指从事作业的机器人（工作站）通过网络实时访问所有相关信息，并根据信息内容自主切换生产方式及更换生产材料，从而调整为最匹配的生产作业模式。

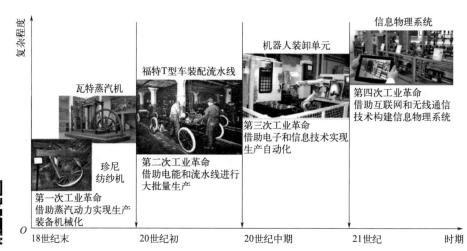

【拓展图文】

图 1.2　德国技术科学院划分的四次工业革命的特征

1.3.2　工业互联网

与德国强调的"硬"制造不同，软件和互联网经济发达的美国侧重于在"软"服务方面推动新一轮工业革命，希望用互联网激活传统工业，保持制造业的长期竞争力。其中，以美国通用电气公司为首的企业联盟倡导的"工业互联网"强调智能机器间的联接并最终将人机联接，结合软件和大数据分析重构全球工业。

"工业互联网"这一概念最早由美国通用电气公司于 2012 年提出，随后美国五家行业龙头企业联手组建了工业互联网联盟（industrial internet consortium，IIC），将这一概念大力推广开来；加入该联盟的还有 IBM、思科、英特尔和 AT&T（美国国际电话电报公司）等。IIC 致力于发展通用蓝图，使各厂商设备之间实现数据共享。通用蓝图的标准不仅涉及互联网网络协议，还包括 IT 系统中数据的存储容量、互联和非互联设备的功率、数据流量控制等指标。其目的在于通过制定通用标准，打破技术壁垒，利用互联网激活传统工业过程，更好地促进物理世界和数字世界的融合。

工业互联网的核心内容是发挥数据采集、互联网、大数据、云计算的作用，降低工业生产成本，提升制造水平。工业互联网将为基于互联网的工业应用打造一个稳定可靠、安全、实时、高效的全球工业互联网络。工业互联网使智能化的机器与机器互联、智能化的机器与人类互联，可以做到智能化分析，从而帮助人类和设备作出更智慧的决策，这就是工业互联网给客户带来的核心利益。

美国制造业复兴战略的核心内容是依托其在信息通信技术（information communication technology，ICT）、新材料技术等通用技术领域长期积累的技术优势，加快促进人工智能、数字打印、三维打印、工业机器人等先进制造技术的突破和应用，推动全球工业生产体系向有利于其技术和资源优势的个性化制造、自动化制造、智能制造方向转变。

"工业互联网"有三个关键因素：智能机器、高级分析、工作人员。

（1）智能机器是现实世界中的机器、设备、设施和系统及网络通过先进的传感器、控制器和软件应用程序，以崭新的方式联接而成的集成系统。

（2）高级分析是使用基于物理的分析法、预测算法、关键学科的深厚专业知识来理解机器和大型系统运作方式的方法。

（3）工作人员建立各种工作场所人员之间的实时联接，为更加智能的设计、操作、维护及高质量的服务提供支持和安全保障。

1.3.3 《"十四五"智能制造发展规划》

智能制造不仅是抢占未来经济和科技发展制高点的战略选择，而且是传统制造业企业转型升级的必由之路。近年来，国家高度重视智能制造的发展，陆续出台了一系列产业政策，持续推进制造业数字化转型、网络化协同和智能化变革。我国对于制造业智能化转型的政策支持最早出现于"十二五"时期，其政策历程如图1.3所示。

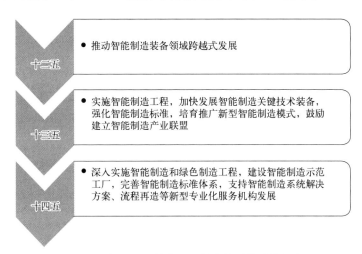

【拓展图文】

图 1.3　我国对于制造业智能化转型的政策历程

2021年12月，工业和信息化部、国家发展和改革委员会、教育部、科技部、财政部、人力资源和社会保障部、国家市场监督管理总局、国务院国有资产监督管理委员会等八部门联合印发了《"十四五"智能制造发展规划》。《"十四五"智能制造发展规划》中提出了发展路径和目标。"十四五"及未来相当长一段时期，推进智能制造，要立足制造本质，紧扣智能特征，以工艺、装备为核心，以数据为基础，依托制造单元、车间、工厂、供应链等载体，构建虚实融合、知识驱动、动态优化、安全高效、绿色低碳的智能制造系统，推动制造业实现数字化转型、网络化协同、智能化变革。到2025年，规模以上制造业企业大部分实现数字化网络化，重点行业骨干企业初步应用智能化；到2035年，规模以上制造业企业全面普及数字化网络化，重点行业骨干企业基本实现智能化。其中，到2025年的主要目标为：一是转型升级成效显著，70%的规模以上制造业企业基本实现数字化网络化，建成500个以上引领行业发展的智能制造示范工厂；二是供给能力明显增强，智能制造装备和工业软件市场满足率分别超过70%和50%，培育150家以上专业水平高、服务能力强的智能制造系统解决方案供应商；三是基础支撑更加坚实，完成200项以上国家、行业标准的制修订，建成120个以上具有行业和区域影响力的工业互联网平台。

　　智能制造是制造强国建设的主攻方向，其发展程度直接关乎我国制造业质量水平。发展智能制造对于巩固实体经济根基、建成现代产业体系、实现新型工业化具有重要作用。随着5G等新一代通信与信息技术的不断发展，制造业的智能化发展成了我国制造业的重点发展方向。

本 章 小 结

　　（1）制造是把原材料变成有用物品的过程，它包括产品技术、材料选择、加工生产、质量保证、管理和营销等一系列有内在联系的运作和活动。

　　（2）智能制造是一种由智能机器和人类专家共同组成的人机一体化智能系统，它能在制造过程中进行智能活动，如分析、推理、判断、构思和决策等。

　　（3）智能制造的发展趋势既要体现智能、绿色、高效等宏观方向特点，又要依托各种细分技术的交叉结合与不断更新。

　　（4）与传统制造相比，智能制造涉及四个层面的智能化：产品的智能化、装备的智能化、流程的智能化和服务的智能化。

　　（5）虽然先进制造和智能制造具有相同点，但是它们的侧重点和目标有所不同。

　　（6）世界主要国家均十分重视智能制造的发展。

思 考 题

　　1. 什么是智能制造？
　　2. 智能制造有哪些特点？
　　3. 什么是"工业4.0"？
　　4.《"十四五"智能制造发展规划》中提出的发展路径和目标是什么？
　　5. 举例说明传统制造与智能制造的区别。

第**2**章

总体架构：
智能制造理论体系

持续深化信息化与工业化融合发展（图 2.1）是党中央、国务院作出的重大战略部署，是新发展阶段制造业数字化、网络化、智能化发展的必由之路，是数字时代建设制造强国、网络强国和数字中国的扣合点。《中华人民共和国国民经济和社会发展第十四个五年规划和 2035 年远景目标纲要》指出，充分发挥海量数据和丰富应用场景优势，促进数字技术与实体经济深度融合，赋能传统产业转型升级，催生新产业新业态新模式，壮大经济发展新引擎。

【拓展图文】

图 2.1　持续深化信息化与工业化融合发展

智能制造是一个不断演进发展的概念，可归纳为三个基本范式：数字化制造、数字化网络化制造、数字化网络化智能化制造。你知道新一代智能制造技术指的是什么吗？

1. 理解智能制造理论体系
2. 掌握智能制造的总体目标
3. 掌握智能制造的核心主题
4. 理解智能制造关键技术体系
5. 理解智能制造的演进范式
6. 熟悉新一代智能制造技术

2.1 智能制造理论体系

2.1.1 智能制造理论体系示意图

【拓展图文】

　　人们对智能制造的目标、内涵、特征、关键技术和实施途径等的认识是一个不断发展、逐步深化的过程，需要形成一个智能制造理论体系，以功能架构模型描述构成智能制造理论体系的各组成部分，明确各组成部分的主要内容及其相互关系。图2.2所示为智能制造理论体系示意图。

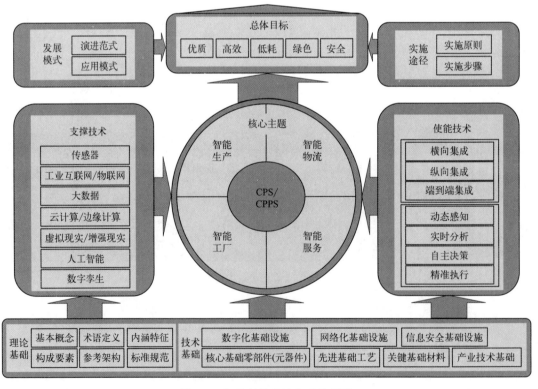

图 2.2　智能制造理论体系示意图

2.1.2 智能制造理论体系的主要内容

智能制造理论体系的主要内容如下。

（1）理论基础——阐述智能制造理论的基本概念、范畴、基本原理等，涉及智能制造的基本概念、术语定义、内涵特征、构成要素、参考架构、标准规范等。

（2）技术基础——阐述发展智能制造的工程技术基础和基础性设施条件等，涉及工业"四基"[核心基础零部件（元器件）、先进基础工艺、关键基础材料、产业技术基础]和基础设施两方面。

（3）支撑技术——是智能制造的关键技术，涉及支撑智能制造发展的新一代信息技术和人工智能技术等。

（4）使能技术——也是智能制造的关键技术，涉及智能制造系统的三项集成技术和四项应用使能技术。

（5）核心主题——阐述构成智能制造的核心内容和主要任务，概括为"一个核心"和"四大主题"。"一个核心"即信息物理系统（CPS）及由此构建的信息物理生产系统（cyber-physical production system，CPPS）。CPS/CPPS的实现形式和载体为智能制造"四大主题"，即智能工厂、智能生产、智能物流和智能服务。

（6）发展模式——阐述智能制造发展阶段的划分、特点和范式，包括演进范式和应用模式等。

（7）实施途径——阐述实施智能制造的基本原则，并给出推进智能制造落地的技术路线建议，包括在业界广泛实施的智能制造"三要三不要"原则及实施步骤。

（8）总体目标——阐述智能制造总体目标，即优质、高效、低耗、绿色、安全的具体内涵及意义。

2.1.3 智能制造理论体系的主要特点

智能制造理论体系的构建体现了从基础到应用、从理论到实践、从技术到实现、从任务到目标等系统化、层次化的特点，具体表现在如下五个方面。

（1）聚焦总体目标——优质、高效、低耗、绿色、安全。

（2）围绕核心主题——以CPS/CPPS为核心，围绕智能工厂、智能生产、智能物流和智能服务四个主题。

【拓展视频】

（3）强化两大基础——智能制造理论基础和智能制造技术基础。

（4）突出两项关键技术——支撑技术和使能技术。

（5）阐明演进范式和可参考的应用模式，给出实施原则和实施步骤。

2.2 智能制造的总体目标

"工业4.0"是正在进行的新工业革命，面临着一系列变化和挑战。智能化是未来制造技术发展的必然趋势，在"工业4.0"时代，智能制造的总体目标可以归结为如下五个方面。

（1）优质。制造的产品具有符合设计要求的优良质量，或提供优良的制造服务，或使制造产品和制造服务的质量优化。

（2）高效。在保证质量的前提下，在尽可能短的时间内完成生产，从而制造出产品和提供制造服务，快速响应市场需求。

（3）低耗。以最低的经济成本和资源消耗制造产品或提供制造服务，目标是使综合制造成本最低或制造能效比最优。

（4）绿色。在制造活动中综合考虑环境影响和资源效益，目标是使整个产品生命周期对环境的影响最小、资源利用率最高，并使企业经济效益和社会效益协调优化。

（5）安全。考虑制造系统和制造过程中涉及的网络安全和信息安全问题，即通过综合性的安全防护措施和技术，保障设备、网络、控制、数据和应用的安全性。

2.3 智能制造的核心主题

2.3.1 信息物理系统（CPS）和信息物理生产系统（CPPS）

CPS/CPPS 是智能制造理论体系的核心。CPPS 是 CPS 在智能制造中的具体应用，它通过制造系统和制造活动的各层级（产品、制造装备、制造单元、生产线、工厂、服务等）、各方面（纵向、横向、端到端）的各种颗粒度物理对象映射——数字孪生，实现"人—机—物"的联接，为各种设备赋予计算、通信、控制、协同和自治功能，将智能机器、存储系统和生产设施融合，使人、机、物等能够相互独立地自动交换信息、触发动作和自主控制，实现一种智能、高效、个性化、自组织的生产方式，从而构建真正的智能工厂，实现智能生产。

在未来的智能制造过程中，物理系统中的智能化生产设备和智能化产品将成为 CPS 的物理基础，虚拟产品和虚拟生产设备等通过数学模型、仿真算法、优化规划和虚拟制造等构成信息系统，物理系统和信息系统通过工业互联网和物联网协同交互，构建基于数字孪生的 CPPS，实现"人—机—物"之间、物理系统和信息系统之间的网络互联、信息共享，从而可在信息空间对生产过程进行实时仿真和决策优化，并通过信息系统实时操作和精确控制物理系统的生产设备和生产过程，支持在智能制造新模式下实现生产设施、生产系统及过程的智能化管理和智能化控制。

2.3.2 四大主题——智能工厂、智能生产、智能物流和智能服务

1. 智能工厂

智能工厂重点研究智能化生产系统和生产过程，以及网络化分布式生产设施的实现。智能工厂是"工业 4.0"中的一个关键主题，其主要内容可从多个角度描述，下面仅从工厂模式演进的角度进行描述。

（1）数字化工厂：工业化与信息化融合的应用体现，借助信息化和数字化技术，通过

集成、仿真、分析、控制等手段，为制造工厂的生产全过程提供全面管控的整体解决方案，不限于虚拟工厂，更重要的是实际工厂的集成，包括产品工程、工厂设计与优化、车间装备建设及生产运作控制等。

（2）网络化互联工厂：将物联网（internet of things，IoT）技术全面应用于工厂运作的各环节，实现工厂内部人、机、料、法、环、测的泛在感知和万物互联，互联的范围甚至可以延伸到供应链和客户环节。工厂互联化一方面可以缩短时空距离，为制造过程中"人—人""人—机""机—机"的信息共享和协同工作奠定基础；另一方面可以获得制造过程更为全面的状态数据，使数据驱动的决策支持与优化成为可能。

（3）智能工厂：从范式维度看，智能工厂是制造工厂层面的信息化与工业化的深度融合，也是数字化工厂、网络化互联工厂和自动化工厂的延伸和发展，将人工智能技术应用于产品设计、工艺、生产等过程，使制造工厂在关键环节或过程中能够体现一定的智能化特征（自主性的感知、学习、分析、预测、决策、通信与协调控制能力），并能动态地适应制造环境的变化，从而实现提质增效、节能降本的目标。

2. 智能生产

智能生产是"工业4.0"中的另一个关键主题。在未来的智能生产中，生产资源（生产设备、机器人、传送装置、仓储系统和生产设施等）将集成为一个闭环网络，具有自主、自适应、自重构等特性，从而实现快速响应、动态调整和配置制造资源网络和生产步骤。智能生产的研究内容主要包括以下三个方面。

（1）基于制造运营管理（manufacturing operating management，MOM）系统的生产网络。生产价值链中的供应商通过MOM系统生产网络获得和交换生产信息，供应商提供的全部零部件可以通过智能物流系统，在正确的时间以正确的顺序到达生产线。

（2）基于数字孪生的生产过程设计、仿真和优化。通过数字孪生将虚拟空间中的生产建模仿真与现实世界的实际生产过程完美融合，从而为现实世界中的物件（包括物料、产品、设备、生产过程、工厂等）建立一个高度仿真的数字孪生，生产过程中的每个步骤都将在虚拟环境（信息系统）中进行设计、仿真和优化。

（3）基于现场动态数据的决策与执行。利用数字孪生，为真实物理世界中的物料、产品、工厂等建立一个高度真实仿真的孪生体，以现场动态数据驱动，在虚拟空间对定制信息、生产过程或生产流程进行仿真和优化，向实际生产系统和设备发出优化的生产工序指令，指挥和控制设备、生产线，或生产流程进行自组织的生产执行，满足用户的个性化定制需求。

3. 智能物流和智能服务

智能物流和智能服务也是智能制造的关键主题，在一些场合下，二者常被认为是构成智能工厂和进行智能生产的重要内容。

智能物流主要通过互联网、物联网和物流网等，整合物流资源，提高现有物流资源供应方的效率，使需求方能够快速获得服务匹配和物流支持。

智能服务是指能够自动辨识用户的显性需求和隐性需求，并能够主动、高效、安全、绿色地满足其需求的服务。在智能制造中，智能服务需要在集成现有多方面的信息技术及

其应用的基础上，以用户需求为中心，进行服务模式和商业模式的创新。因此，智能服务的实现涉及跨平台、多元化的技术支撑。

智能工厂基于 CPS，通过物联网（物品的互联网）和务联网（服务的互联网）将智能电网、智能移动、智能物流、智能建筑、智能产品等与智能工厂（智能车间和智能制造过程等）互联和集成，实现对供应链、制造资源、生产设施、生产系统及过程、营销及售后等的管理。

2.4 智能制造关键技术体系

2.4.1 支撑技术

支撑技术是指支撑智能制造发展的新一代信息技术和人工智能技术等关键技术。

1. 传感器与感知技术

传感器是一种能感受规定的被测量并按照一定的规律（数学函数法则）转换为可用信号的器件或装置，通常由敏感元件和转换元件组成。感知技术是由传感器的敏感材料和元件感知被测量的信息，将感知到的信息由转换元件按一定规律和使用要求转换为电信号或其他所需的形式并输出，以满足信息的传输、处理、存储、显示、记录和控制等要求。

传感器与感知技术主要涉及智能制造系统中常用传感器的工作原理，感知系统的工作原理，传感信号获取、传输、存储、处理，智能传感网络，传感器与感知技术应用，等等。

2. 工业互联网与物联网

工业互联网是一种将人、数据和机器联接起来的开放式、全球化的网络，属于泛互联网的范畴。工业互联网可联接机器、物料、人、信息系统，实现工业数据的全面感知、动态传输、实时分析和数据挖掘，形成优化决策与智能控制，从而优化制造资源配置、指导生产过程执行和优化控制设备运行，提高制造资源配置效率和生产过程综合能效。工业互联网的三大主要元素为智能设备、智能系统和智能决策。工业互联网在智能制造中的应用以底层智能设备为基础，以信息智能感知与交互为前提，以基于工业互联网平台的多系统集成为核心，以产品生命周期的优化管理和控制为手段，从而构建一种可实现"人—机—物"全面互联、数据流动集成、模型化分析决策和最优化管控的综合体系及生产模式。

物联网是由各种实体对象通过网络联接而构成的世界，将这些实体对象嵌入电子传感器、作动器或其他数字化装置，从而联接和组网以用于采集和交换数据。物联网技术从架构上可以分为感知层、网络层和应用层，其关键技术包括感知控制、网络通信、信息处理、安全管理等。5G 作为具有高速度、泛在网、低功耗、超低时延等特点的新一代移动通信技术，将在物联网应用方面发挥巨大作用。

3. 大数据

根据 3V（volume，velocity，variety）特征，大数据被定义为具有容量大、变化多和速度快等特点的数据集合，即大数据在容量方面具有海量性特点，随着海量数据的产生和搜集，数据量会越来越大；在变化方面具有多样性特点，包括各种类型的数据（如半结构化数据、非结构化数据和传统的结构化数据）；在速度方面具有及时性特点，特别是数据采集和分析必须迅速、及时地进行。

从智能制造的角度，大数据技术涉及大数据获取、大数据平台、大数据分析和大数据应用等，特别值得关注的是工业大数据及其应用。工业大数据是指在工业领域信息化和互联网应用中产生的大数据，来源于条码、二维码、射频识别、工业传感器、工业自动控制系统、物联网、ERP（企业资源计划）系统、MES（制造执行系统）、PLM（产品生命周期管理）系统、CAX 系统、工业互联网、移动互联网、物联网、云计算等。工业大数据渗透企业运营、价值链，乃至产品生命周期，是"工业 4.0"的新资源、新燃料。在工业大数据应用中，重点需要解决两大关键问题：面向工业过程的数据建模和复杂工业环境下的数据集成。

4. 云计算/边缘计算

云计算是一种基于网络（主要是互联网）的计算方式，它通过虚拟化和可扩展的网络资源提供计算服务，通过这种方式，共享的软硬件资源和信息可以按需提供给计算机和其他设备，而用户不必在本地安装所需软件。云计算涉及的关键技术包括基础设施即服务（infrastructure as a service，IaaS）、平台即服务（platform as a service，PaaS）、软件即服务（software as a service，SaaS）等。一些学者提出了一种新的制造平台——云制造，即与云计算、物联网、面向服务的技术和高性能计算技术等新兴技术结合的新型制造模式（如李伯虎院士团队提出的"智慧云制造——云制造 2.0"）。

边缘计算是指在靠近设备端或数据源头的网络边缘采用集网络、计算、存储、应用核心能力为一体的开放平台，提供计算服务。边缘计算可产生更及时的网络服务响应，满足敏捷联接、实时业务、数据优化、应用智能、安全与隐私保护等方面的需求。边缘计算为解决工业互联网、物联网、云计算在智能制造的实际应用场景中遇到的问题（如数据实时性、资源分散性、网络异构性等）提供了技术途径和解决方案。在智能制造中，边缘计算涉及的关键技术有感知终端、智能化网关、异构设备互联和传输接口、边缘分布式服务器、分布式资源实时虚拟化、高并发任务实时管理、流数据实时处理等。

5. 虚拟现实、增强现实、混合现实

虚拟现实（virtual reality，VR）是一种可以创建和体验虚拟世界的计算机仿真系统和技术，它利用计算机生成一种模拟环境，使用户沉浸在该环境中。VR 具有"3I"的基本特性，即沉浸（immersion）、交互（interaction）和想象（imagination）。

增强现实（augmented reality，AR）是虚拟现实的扩展，它将虚拟信息与真实场景融合，通过计算机系统将虚拟信息通过文字、图像、声音、触觉方式渲染补充至人的感官系统，增强用户对现实世界的感知。AR 的关键在于虚实融合、实时交互和三

维注册。

混合现实（mixed reality，MR）结合真实世界和虚拟世界，创造一种新的可视化环境，可以实现真实世界与虚拟世界的无缝连接。

在智能制造应用中，VR、AR、MR有许多应用场景，如设备运营和维护、物流管理、标准作业程序VR/AR支持、虚拟装配及装配过程人机工程评估、工艺布局虚拟仿真与优化、交互式虚拟试验、基于AR的全息索引、操作技术培训等。

6. 人工智能

人工智能是研究使用计算机模拟人类的某些思维过程和智能行为（如学习、推理、思考、规划等）的学科，用于模拟、延伸和扩展人类智能的理论、方法、技术及应用系统，主要包括计算机实现智能的原理、制造类似于人脑的智能机器，从而实现更高层次的应用。人工智能研究的内容包括机器人、机器学习、语言识别、图像识别、自然语言处理和专家系统等。

人工智能将在智能制造中发挥巨大的作用，为产品设计、工艺知识库的建立和充实、制造环境和状态信息理解、制造工艺知识自学习、制造过程自组织执行、加工过程自适应控制等提供强大的理论基础和技术支持。

7. 数字孪生

数字孪生可以充分利用物理模型、实时动态数据的感知更新、静态历史数据等，集成多学科、多物理量、多尺度、多概率的仿真过程，在虚拟空间中完成映射，从而反映相应的实体产品生命周期。在智能制造中，数字孪生以现场动态数据驱动的虚拟模型对制造系统、制造过程中的物理实体（如产品对象、设计过程、制造工艺装备、工厂工艺规划和布局、制造工艺过程或工艺流程、生产线、物流、检验检测过程等）的过去和目前的行为或流程进行仿真、分析、评估、预测和优化。

2.4.2 使能技术

使能技术是指智能制造系统三项集成技术和四项应用使能技术，主要包括横向集成、纵向集成、端到端集成、动态感知、实时分析、自主决策、精准执行等。

1. 三项集成技术

（1）横向集成，即价值网络的横向集成。横向集成的本质是横向打通企业与企业的网络化协同及合作。

（2）纵向集成，即网络化制造系统的纵向集成。纵向集成的本质是对企业中最底层的物理设备（或装置）到最顶层的计划管理等不同层面的IT系统（如执行器与传感器、控制器、生产管理、制造执行和企业计划等）进行高度集成，纵向打通企业内部管理。其重点是企业计划、制造系统与底层各种生产设施的全面集成，为智能工厂的数字化、网络化、智能化、个性化制造提供支撑。

（3）端到端集成，即贯穿全价值链的端到端集成工程。在未来的智能制造系统中，在信息物理系统、数据处理等技术的支持下，基于模型的开发可以完成从客户需求分析描述到产品结构设计、加工制造、产品装配、成品完成等过程，也可以在端到端集成工程工具链中定义和描述所有相互依存关系，实现"打包"开发和个性化产品定制。

【拓展视频】

2. 四项应用使能技术

（1）动态感知。动态感知是智能系统的起点，也是智能制造的基础。它是指采用各种传感器或传感器网络，对制造过程、制造装备和制造对象的有关变量、参数、状态进行采集、转换、传输和处理，获取反映智能制造系统的运行工作状态、产品或服务质量等的数据。随着物联网的快速发展，未来智能制造系统动态感知的数据将会急剧增加，从而形成制造大数据或工业大数据。

（2）实时分析。实时分析是处理智能制造数据的方法和手段。它是指采用工业软件或分析工具平台，对智能制造系统动态感知数据（特别是制造大数据或工业大数据）进行在线实时统计分析、数据挖掘、特征提取、建模仿真、预测预报等，为趋势分析、风险预测、监测预警、决策优化等提供数据支持，为从大数据中获得信息和作出自主决策奠定基础。

（3）自主决策。自主决策是智能制造的核心。它要求针对智能制造系统不同层级（如设备层、控制层、制造执行层、企业资源计划层）的子系统，按照设定的规则，根据动态感知和实时分析的结果，自主作出判断和选择，并具有自学习和提升进化的能力（学习提升功能）。由于智能制造系统具有多层次结构和复杂性，因此自主决策既包括底层设备的运行操控、实时调节、监督控制和自适应控制，又包括制造车间的制造执行和运行管理，还包括整个企业资源、业务的管理和服务中的决策。

（4）精准执行。精准执行是智能制造的关键。它要求智能制造系统在动态感知、实时分析和自主决策的基础上，快速对外部需求、企业运行状态、研发和生产等作出反应，对各层级的自主决策指令准确响应和敏捷执行，使不同层级的子系统和整体系统运行在最优状态下，并对系统内部或外部的扰动变化具有自适应性。

2.5 智能制造的演进范式

智能制造作为制造技术和信息技术深度融合的产物，相关范式的诞生和演变发展与数字化、网络化、智能化的特征紧密联系。这些范式包括精益生产、柔性制造、并行工程、敏捷制造、数字化制造、计算机集成制造、网络化制造、云制造、智能化制造等。

根据智能制造数字化、网络化、智能化的基本技术特征，智能制造可以归纳为三个基本范式（图2.3）：数字化制造，即第一代智能制造；数字化网络化制造，即"互联网＋"制造或第二代智能制造；数字化网络化智能化制造，即新一代智能制造。智能制造的三个基本范式依次展开、迭代升级。

智能制造的三个基本范式体现了智能制造发展的内在规律：一方面，其依次展开，各有自身阶段的特点和重点解决的问题，体现了先进信息技术与先进制造技术融合发展的阶段性特征；另一方面，其在技术上并不是绝对分离的，而是相互交织、迭代升级的，体现了智能制造发展的融合性特征。

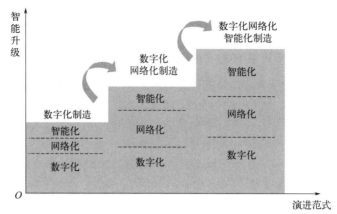

【拓展图文】

图 2.3　智能制造的三个基本范式

2.6　新一代智能制造技术

新一代人工智能技术与先进制造技术的深度融合，形成了新一代智能制造技术，成为新一轮工业革命的核心驱动力。新一代智能制造技术的突破和广泛应用将引领真正意义上的"工业 4.0"，即实现第四次工业革命。

2.6.1　传统制造向智能制造的演变

传统制造向智能制造演变的过程是从原来的"人—物理系统（HPS）"向新的"人—信息—物理系统（HCPS）"发展的过程，如图 2.4 所示。

1. 传统制造系统（HPS）

传统制造系统包含人和物理系统两大部分，完全通过人对机器的操作控制完成工作任务。虽然物理系统（机器）代替了人类大量的体力劳动，使人类的体力劳动减少，但在传统制造系统中仍然要求人来完成动态感知、分析决策、操作控制及学习等任务。传统制造系统实际上是 HPS。

最初的 HPS 对人的要求很高，人的劳动强度很大，物理系统的工作效率也不高。第一次工业革命和第二次工业革命分别通过蒸汽机和电力等的发明及广泛应用，革命性地提高了物理系统（动力机械等）的性能，从而极大提高了 HPS 的生产能力。

2. 第一代和第二代智能制造系统（HCPS）

与传统制造系统相比，第一代和第二代智能制造系统主要有两方面变化：第一，即最本质的变化是在人和物理系统之间增加了信息系统，该信息系统可以代替人来自动完成部分动态感知、分析决策、操作控制及学习等任务；第二，对物理系统进行了升级，如增加了传感装置、将动力装置数字化等。

通过集成人、信息系统和物理系统的各自优势，第一代和第二代智能制造系统的能力

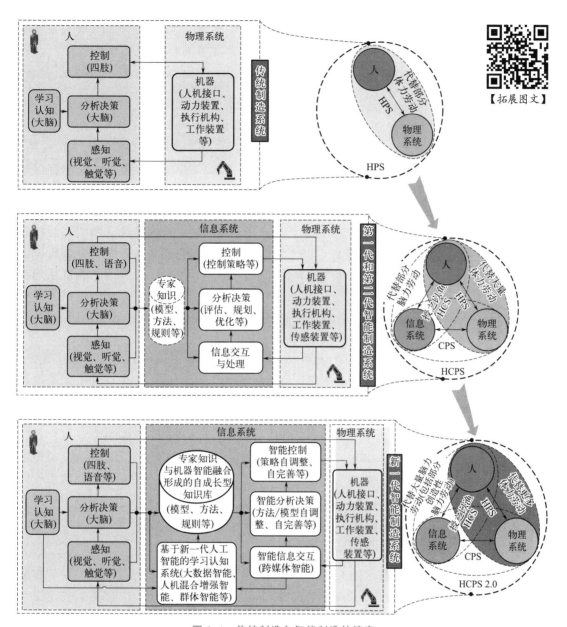

【拓展图文】

图 2.4　传统制造向智能制造的演变

（尤其是计算分析、精确控制及感知能力）得以极大提高，其结果如下：一方面，系统的自动化程度、工作效率、质量与稳定性及解决复杂问题的能力等显著提升；另一方面，不仅人的劳动强度显著降低，还将人的相关制造经验和知识转移到信息系统和物理系统（主要是信息系统）中，有效提高了人的知识传承和利用效率。第一代和第二代智能制造系统实际上是 HCPS。

在制造系统从 HPS 向 HCPS 演变的过程中，信息系统的引入使制造系统增加了"人—信息系统（HCS）"和"信息—物理系统（CPS）"。HCS 使人的部分动态感知、分

析决策与控制功能向信息系统复制迁移；同时，CPS 逐渐实现物理系统和信息系统在动态感知、分析决策、控制及管理等方面的深度融合；信息系统、物理系统共同代替人来完成更多的体力劳动和脑力劳动，进而形成基于 HCPS 的新型智能制造系统。

3. 新一代智能制造系统（HCPS 2.0）

智能制造的根本目标是实现产品及其生产和服务过程的最优化，并获得高效、优质、柔性、敏捷、低耗等性能。为此，智能制造需要解决各种问题，如产品设计、工艺设计、过程控制、生产管理、健康保障等，这些问题本质上都可以看作最优决策问题，这些问题的解决取决于建立有效的决策模型和准则。但是，由于智能制造系统和智能制造过程具有复杂性，因此建立有效的决策模型和准则往往极为困难，不仅可能用到方方面面的人类已经掌握的知识规律，而且可能涉及众多目前尚未掌握或难以描述的知识规律。在 HCPS 中，决策模型和准则是在系统研发过程中研发人员通过综合利用相关理论知识、专家经验、实验数据等建立的，并通过编程等方式固化到信息系统中。由此建立的决策模型和准则，一方面受限于研发人员的知识、能力和研发条件；另一方面在系统使用过程中往往是固定不变的，难以适应系统内部和外部状态的动态变化。HCPS 仍不能有效实现产品、生产和服务过程最优化这一根本目标，因此需要发展新一代智能制造系统，即 HCPS 2.0。

2.6.2 HCPS 2.0 的本质特征

1. 信息系统扩充了学习认知功能

与 HCPS 相比，HCPS 2.0 的本质特征是信息系统扩充了学习认知功能，不仅具有强大的动态感知、分析决策与控制能力，还具有学习并产生知识的能力。HCPS 2.0 的知识库是由系统研发人员和智能学习认知系统共同建立的，它不仅包含系统研发人员所能获取的各种知识，还包含研发人员难以掌握或难以描述的知识规律，在系统使用过程中可通过自主学习而不断完善。

2. 人工智能是 HCPS 2.0 的核心关键技术

HCPS 2.0 的核心关键技术是人工智能，大数据智能、人机混合增强智能、群体智能等使该系统具有发现有关知识规律并有效实现人机协同的能力。HCPS 2.0 可有效建立与实际产品和生产过程高度一致的模型，不仅可对产品及其生产过程进行优化，还可对产品的服务和维护进行优化，即可对整个产品生命周期进行优化。作为 HCPS 2.0 的典型代表，基于大数据和深度学习的大数据智能技术显示出巨大潜力。

3. 突出人的中心地位

HCPS 2.0 进一步突出人的中心地位，人类智慧的潜能得以极大释放。一方面，人工智能将人的作用或认知模型引入系统，人类和机器之间能够相互理解，形成人机混合增强智能，人机深度融合将使人类的智慧与机器的智能相互启发性地增长；另一方面，知识型工作自动化将使人类从大量体力劳动和脑力劳动中解放出来，人类可以从事更有价值的创造性工作。

2.6.3　HCPS 2.0 的组成

HCPS 2.0 是一个基于 HCPS 的大系统，主要由智能产品、智能生产、智能服务、智能制造云与工业智联网集成，如图 2.5 所示。其中，智能产品是主体，智能生产是主线，以智能服务为中心的产业模式变革是主题，构成三大功能系统；智能制造云与工业智联网是支撑 HCPS 2.0 的重要基石，构成两大支撑系统。

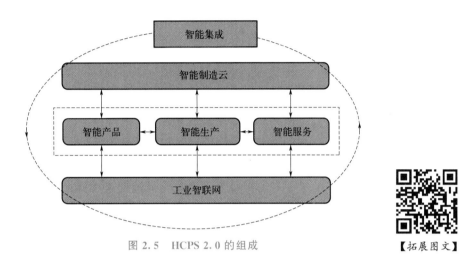

图 2.5　HCPS 2.0 的组成　　【拓展图文】

HCPS 2.0 可广泛应用于离散型制造和流程型制造的产品创新、生产创新、服务创新等制造价值链全过程的创新与优化中。

1. 智能产品

智能产品是 HCPS 2.0 的主体。新一代人工智能和新一代智能制造将给智能产品创新带来无限空间，使智能产品发生革命性变化，从"数字一代"整体跃升至"智能一代"。从技术机理看，智能产品是具有 HCPS 2.0 特征、高度智能化、宜人化、高质量、高性价比的产品。

设计是智能产品创新的重要环节，智能优化设计、智能协同设计、与用户交互的智能定制、群体智能等都是智能设计的重要内容。研发具有 HCPS 2.0 特征的智能设计系统是发展新一代智能制造的核心内容。

2. 智能生产

智能生产是 HCPS 2.0 的主线。智能产线、智能车间、智能工厂是智能生产的主要载体。HCPS 2.0 将解决复杂系统的精确建模、实时优化决策等关键问题，形成自学习、自感知、自适应、自控制的智能产线、智能车间和智能工厂，实现智能制造优质、高效、低耗、绿色与安全的总体目标。

3. 智能服务

以智能服务为核心的产业模式变革是 HCPS 2.0 的主题。在智能时代，市场、销售、

供应、运营和维护等产品生命周期服务均因物联网、大数据、人工智能等新技术而被赋予全新的内容。

新一代人工智能的应用将催生制造业的新模式、新业态：一是从大规模流水线生产向规模化定制生产转变；二是从生产型制造向服务型制造转变，推动服务型制造业与生产性服务业大发展，共同形成大制造新业态。制造业产业模式将实现从以产品为中心向以用户为中心的根本性转变，完成深刻的供给侧结构性改革。

4. 智能制造云与工业智联网

智能制造云与工业智联网是支撑 HCPS 2.0 的基础。随着新一代通信技术、网络技术、云技术、人工智能技术的发展和应用，智能制造云与工业智联网将实现质的飞跃。智能制造云与工业智联网将由智能网络体系、智能平台体系、智能安全体系组成，为新一代智能制造生产力和生产方式变革提供发展的空间及可靠的保障。

2.6.4 HCPS 2.0 的特征

HCPS 2.0 的内部和外部均呈现前所未有的系统"大集成"特征。一方面是系统内部的"大集成"。企业内部设计、生产、销售、服务、管理过程等实现动态智能集成，即纵向集成；企业与企业之间基于工业智联网与智能云平台，实现集成、共享、协作和优化，即横向集成。另一方面是系统外部的"大集成"。制造业与金融业、上下游产业的深度融合形成服务型制造业和生产性服务业共同发展的新业态；智能制造与智能城市、智能农业、智能医疗等交融集成，共同形成智能生态大系统——智能社会。

本 章 小 结

（1）智能制造理论体系是利用功能架构模型，描述构成智能制造理论体系的各组成部分，明确各组成部分的主要内容及其相互关系。

（2）智能制造理论体系的总体目标——优质、高效、低耗、绿色、安全。

（3）智能制造理论体系的核心主题——CPS/CPPS。

（4）智能制造理论体系的四个主题——智能工厂、智能生产、智能物流、智能服务。

（5）智能制造理论体系的两大基础——智能制造理论基础和智能制造技术基础。

（6）智能制造理论体系的两类关键技术——支撑技术和使能技术。

（7）智能制造的三个基本范式——数字化制造、数字化网络化制造、数字化网络化智能化制造。

（8）传统制造向智能制造发展的过程是从 HPS 向 HCPS 发展的过程。

（9）HCPS 2.0 是一个基于 HCPS 的大系统，主要由智能产品、智能生产、智能服务、智能制造云与工业智联网集成。

思　考　题

1. 智能制造理论体系是什么？
2. 智能制造的总体目标是什么？
3. 智能制造系统有哪些集成技术？
4. HCPS 有哪些本质特征？
5. 什么是新一代智能制造系统？

第**3**章
数字化：智能制造的基石

案例引入

石油管道运营商可以通过在线监测获得大量管道运行数据，但利用这些数据并实现数据可视化一直是石油管理领域的难点。你知道什么是数字孪生吗？数字孪生利用虚拟现实技术获得石油管道的虚拟图像，如图 3.1 所示。用户通过石油管道的虚拟图像可清晰地观测管道内的情况；同时，用户利用热图成像发现管道附近反映地质变化状况的重点区域的小凹痕、裂缝、腐蚀区域及管道应变等潜在危险。

【拓展图文】

图 3.1　石油管道的虚拟图像

智能制造是将物联网、云计算、人工智能等新一代信息技术应用于生产制造中，以通过自主动态感知、自主优化决策和自主精准执行提升制造环节的生产效率。制造业智能化转型可通过数字化、网络化、智能化三步实现。工厂可以通过数字化、网络化、智能化的层层递进实现智能工厂转型，进一步优化全行业生态。

数字化是指利用数字技术对具体业务、场景进行数字化改造，起到降本增效的作用。智能制造数字化可以采集海量数字化数据，"感受"工业制造的整个过程。工业传感器作为工业数据的"采集器官"，为智能化奠定了基础。

1. 掌握数字化设计与仿真
2. 熟悉智能设计
3. 掌握数字孪生
4. 了解虚拟样机技术

3.1 数字化设计与仿真

3.1.1 数字化设计与仿真的概念

数字化设计与仿真是一种通过计算机技术对生产过程进行模拟和优化的方法，可以提高生产效率和质量。它包括建立生产过程的数学模型、确定最佳的制造参数、通过计算机模拟对生产过程进行仿真，并根据仿真结果进行优化和调整，可以应用于各种生产领域，如汽车制造、电子制造、食品制造、医药制造、航空航天制造等，以帮助企业更快地开发新产品、提高生产效率、降低成本，并提高产品的质量和可靠性。

制造业全链路数字化的发展阶段如下。

（1）信息化。

信息化是指企业记录、储存和管理在生产经营过程中产生的业务信息，并通过电子终端呈现，便于信息的传播与沟通。

信息化是对物理世界信息的描述，即业务数据化。其本质是一种管理手段，侧重于业务信息的搭建与管理。业务流程是核心，信息系统是工具。信息化属于物理世界的思维模式。

（2）数字化。

在信息化建设过程中，各信息系统之间缺乏互通，会形成"信息化孤岛"。数字化可以打通"信息化孤岛"，使数据得以联接。对大量沉淀在业务系统中的运营数据进行综合分析，对企业的运作逻辑进行数字建模、优化，指导并服务于企业的日常运营。数字化是技术实现的过程，更是思维模式转变的过程。

（3）智能化。

智能化主要是指：①在数字与智能技术（大数据、人工智能、云计算、区块链、物联网、5G 等）的支持下，建立决策机制的自优化模型，实现动态感知、实时分析、科学决策、智能化分析与管理、精准执行的能力；②借助数字化模拟人类，并将其应用于系统决策与运筹的能力。智能化帮助企业优化现有业务价值链和管理价值链、增收节支、提效避险，实现从业务运营到产品、服务的创新，提升用户体验，构建企业新的竞争优势，进而实现企业的转型升级。

建立具备行业通用性的 3D 模组数字资产库，采用节点参数降低设计成本，以应对柔

性制造产能集群的不断扩张。制造场景下的数字化设计路径有以下两条。

（1）对物理工厂进行数字化搭建，路径为：物理工厂→物理模组库→工厂搭建→数字孪生。

（2）对系统能力进行可视化表达，路径为：系统平台→能力模组库→场景搭建→平台应用。

围绕智能制造行业的特点确定数字化设计风格，基于数字科技、柔性供给、智能生产的核心能力，建立设计意向，对数字工厂及能力进行模块化的参数设计，在提升设计效率的同时兼容行业中的各类复杂场景。

简而言之，信息化是企业转型的初级阶段，立足于以信息化手段提升内部管理效率；数字化是企业转型的进化阶段，在大数据与云计算技术的加持下对企业运营进行全面优化；智能化是企业转型的高级阶段，在人工智能技术的加持下对数据作为生产要素进行智能化应用。

智能化的本质是业务创新、运营管理的智能化创新、对传统业务模式的革命性颠覆、对未来业务生态的重新定义。

3.1.2　物理工厂数字化

物理工厂数字化的核心是基于数字孪生建立工厂的物理对象，模拟工厂在现实环境中的行为及状态，对整个工厂进行数字化设计与仿真，从而提高生产、运营和维护、远程管理的效率。

1. 建立数字化模组

通过调研制造行业发现，将制造工厂依次从空间、设备、物料分层后，可以提炼具有任务属性及运营和维护状态的最小单元的 3D 模组。这套模块化的数字化资产库将帮助工厂在线快速建厂、搭建数据大屏方案、帮助运营和维护及远程监测设备、提升工厂管理效率等。

建立完整的数字化模组包含以下三类物理映射：业务模型、行为逻辑、状态变化，从而实现数字模型对物理实体的全面呈现、动态监控和精准表达。

（1）业务模型：通过抽象物理对象进行基础形态建模。

（2）行为逻辑：3D 模组通过赋予行为动画，演绎对象的能力属性或系统下发的任务指令，从而实现远程动态监控。

（3）状态变化：通过改变 3D 模组要素，可视化精准表达物理世界不可见的数字化状态，提升运营和维护效率。

以上三类物理映射完成了数字化模组的建立，避免传统表单页面信息冗长、操作割裂、阅读低效等痛点，帮助工厂实现数字化管理、提升生产及运营和维护效率。

2. 模块化搭建场景

根据不同的工厂场景，模组可以进行快速的模块化搭建。虽然工厂是一个劳动密集型的空间结构，但大多场景重复且有规律，因此通过参数化节点设计可以快速智能生成工厂场景。

模块化塔建可以帮助工厂在搭建初期进行快速可视化建厂及零成本试错，提升前期的建厂效率，同时降低设计成本。

3. 场景的应用及体验

完成场景的模块化搭建后，在系统中应用数字化场景，用户在终端不仅可以通过远程漫游模式查看工厂的生产详情、了解工厂的设备状态，还可以通过全局模式快速总览工厂的各类信息，最终基于全局及局部信息作出管理决策。

此外，在场景中接入各生产平台链接，将数字化场景作为各独立生产系统的入口，使用户所见即所得地在数字化场景中管理生产，解决传统生产系统页面信息割裂、流程冗长等痛点。

3.1.3 系统能力可视化

除物理实体外，制造业在数据处理及服务能力的设计上还可以被进一步可视化挖掘，以缩短用户与实操人员的学习理解周期。

1. 建立数字化模组

基于系统能力的挖掘，对主体特征进行三维可视化的表达，再叠加数字化特性元素（如代表数据传输的粒子、代表扫描的圆环线性结构等），综合构成系统能力可视化的模组。

2. 创建能力场景

模组建立完成后，结合业务实际情况创建能力场景。通过这种能力与能力间的串联表达，用户可对系统全局有更加完整的认知。

3. 嵌入平台应用

数字化模组和能力场景都可以广泛地应用在制造端的平台设计中，直观的视觉表达能有效帮助实操人员迅速定位、了解具体功能及操作。

3.1.4 展望工业元宇宙

未来的智能制造将依托工业互联网实现全链路数字化，使中、小型工厂从"信息化孤岛"走向协作、从封闭走向开放、从混乱走向专注。数字化趋势将联接越来越多的产业及场景，助力构建数据驱动、万物互联的新趋势。

目前，数字孪生在商用及政府场景的应用较广泛，未来数字世界的打造将围绕以人为核心的场景体验，人与场景的融合使原本的商用场景向更为广泛的民用场景转变，从而创造出更加真实且丰富的数字世界。"元宇宙"从概念到应用的转换仍需要企业和科研机构不断尝试，推进基础技术和关键设备不断更新迭代，挖掘更多的应用场景。特别是元宇宙相关技术在工业领域的应用将赋能工业产品生命周期的各场景，能够有效促进工业领域智能化升级，其应用价值将远大于在消费领域的应用价值。

1. 工业元宇宙虚实协同是智能制造的未来形态

工业元宇宙即元宇宙相关技术在工业领域的应用，在虚拟空间全面部署现实工业环境

中研发设计、生产制造、营销销售、售后服务等环节和场景，通过打通虚拟空间和现实空间来实现工业的改进及优化，形成全新的制造和服务体系。

2．工业元宇宙与数字孪生

工业元宇宙与数字孪生概念类似，但二者的区别在于：数字孪生是现实世界向虚拟世界的1∶1映射，通过在虚拟世界对生产过程、生产设备的控制来模拟现实世界的工业生产；工业元宇宙比数字孪生更具广阔的想象力，工业元宇宙反映的虚拟世界不仅具有现实世界的映射，还具有现实世界中尚未实现甚至无法实现的体验与交互。另外，工业元宇宙更加重视虚拟空间和现实空间的协同联动，从而操作指导现实工业。

3．工业元宇宙助力智能制造全面升级

智能制造基于新一代信息技术与先进制造技术的深度融合，贯穿于设计、生产、管理、服务等制造活动的各环节，它是致力于推动制造业数字化、网络化、智能化转型升级的新型生产方式。工业元宇宙以推动虚拟空间和现实空间联动为主要手段，更强调在虚拟空间中映射、拓宽实体工业能够实现的操作，通过在虚拟空间的协同工作、模拟运行指导实体工业高效运转，赋能工业的各环节、各场景，使工业企业达到降低成本、提高生产效率的目的，促进企业内部和企业之间高效协同，助力工业高质量发展，实现智能制造的升级。

3.2 智 能 设 计

3.2.1 智能设计的概念

智能设计是指应用现代信息技术，采用计算机模拟人类的思维活动，提高计算机的智能水平，从而使计算机能够更多、更好地承担设计过程中的复杂任务，成为设计人员的重要辅助工具。

3.2.2 智能设计层次

综合国内外关于智能设计的研究现状和发展趋势，智能设计按设计能力可以分为常规设计、联想设计和进化设计三个层次。

1．常规设计

常规设计是指已经规划好设计属性、设计进程、设计策略，智能系统在推理机的作用下调用符号模型（如规则、语义网络、框架等）进行设计。目前，投入应用的智能设计系统大多属于常规设计，如华中理工大学开发的标准 V 带传动设计专家系统（JDDES）、压力容器智能 CAD 系统等。因这类设计通常只能解决定义良好、结构良好的常规问题，故称常规设计。

2．联想设计

联想设计的研究可分为两类：一类是利用工程中已有的设计事例进行比较，获取现有设计的指导信息，需要搜集大量良好的、可对比的设计事例；另一类是利用人工神经网络数值处理能力，从试验数据、计算数据中获得关于设计的隐含知识来指导设计。因这类设计借助其他事例和设计数据，实现对常规设计的一定突破，故称联想设计。

3. 进化设计

遗传算法（genetic algorithm，GA）是一种借鉴生物界自然选择和自然进化机制、高度并行、随机且自适应的搜索算法。20 世纪 80 年代早期，遗传算法在人工搜索、函数优化等方面得到广泛应用，并推广到计算机科学、机械工程等领域。20 世纪 90 年代，遗传算法的研究在基于种群进化的原理上拓展出进化编程（evolutionary programming，EP）、进化策略（evolutionary strategy，ES），它们统称进化计算（evolutionary computing，EC）。

进化计算使智能设计拓展到进化设计，进化设计的特点如下：设计方案或设计策略编码为基因串，形成设计样本的基因种群；设计方案评价函数决定基因种群中样本的质量和进化方向；进化过程就是样本繁殖、交叉和变异的过程。

因为进化设计对环境知识依赖很少，而且优良样本的交叉、变异往往是设计创新的源泉，所以在 1996 年举办的"设计中的人工智能"（Artificial Intelligence in Design'96）国际会议上，M. A. 罗森曼（M. A. Rosenman）提出了设计中的进化模型，进而使用进化计算作为实现非常规设计的有力工具。

3.2.3 智能设计的特点

与之前的设计技术相比，智能设计具有如下特点。

（1）以设计方法学为指导。对设计本质、过程设计思维特征及其方法学的深入研究是智能设计模拟人工设计的基本依据。

（2）以人工智能技术为实现手段。智能设计借助专家系统技术在知识处理上的强大功能，结合人工神经网络和机器学习技术，较好地支持设计过程自动化。

（3）以建模仿真为重要内容。智能设计支持设计者通过模拟仿真直观形象地对数字化的设计模型进行设计优化、功能验证、性能测试、制造仿真与使用仿真。

（4）面向集成智能化。智能设计不仅支持设计的全过程，而且考虑与计算机辅助制造的集成，提供统一的数据模型和数据交换接口。

（5）提供强大的人机交互功能。智能设计使设计师对智能设计的过程干预，使其与人工智能融合成为可能。

3.2.4 智能设计的关键技术

智能设计的关键技术包括设计知识表示、设计概念的符号化演绎与传递、设计意图的模糊交互、设计理性知识检索和大数据时代的设计知识智能挖掘等。

（1）设计知识表示。由于智能设计过程非常复杂，涉及多种类型知识的应用，因此单一知识表示方式不足以有效表达各种设计知识。建立有效的知识表示模型和有效的知识表示方式是设计类专家系统成功的关键。

（2）设计概念的符号化演绎与传递。概念设计、方案设计以符号为设计师表达创新思维的工具。在计算机中，通过不同层次、不同类型、不同系列符号的表达、运算、操作、映射实现设计概念的继承与传递。

（3）设计意图的模糊交互。设计意图在产品设计阶段，特别是概念设计阶段具有模糊性和抽象性。采用模糊设计意图的交互、描述与映射方法，可以实现从模糊技术需求到确定性技术参数、从抽象设计概念到具体设计方案的设计意图交互。

（4）设计理性知识检索。基于本体推理获取尽可能多的语义信息，支持基于自然语言的语义检索，并通过本体辅助索引将获取的语义信息用于提高设计理性知识的检索效果，使其具有更好的查全率和查准率。

（5）大数据时代的设计知识智能挖掘。由于大数据时代的设计知识具有容量大、产生速度快、知识类型异构、准确性低等特点，因此要从高维、海量、异构、非结构化设计资源中挖掘、搜索对设计者完成设计有价值的信息。

3.3 数字孪生

3.3.1 数字孪生的概念

数字孪生（digital twin，DT）是指数字世界中的实体与其物理世界中的孪生体之间的一种虚实融合技术。它是一种将实体对象、设备、系统等的物理世界与数字世界连接的技术，可以将物理实体数字化并建立与之对应的数学模型，通过数字化方法进行预测、分析、仿真、监测和优化等操作，从而提高生产效率、降低成本和提升产品质量。

数字孪生示意图如图 3.2 所示，真实空间和虚拟空间基本一致。真实空间与虚拟空间有数据流连接，虚拟空间与真实空间和虚拟子空间有信息流连接。简单而言，数字孪生是指物理产品在虚拟空间中的数字模型，包含产品生命周期的信息。这个"双胞胎"不仅与其真实空间中的孪生兄弟形似（包含产品规格、几何模型、材料性能、仿真数据等信息），从而模拟产品实际运行，而且能通过产品上的传感器反馈数据，从而反映产品运行状况，甚至改变产品状态，所以它将"表现"得与真实产品一模一样。

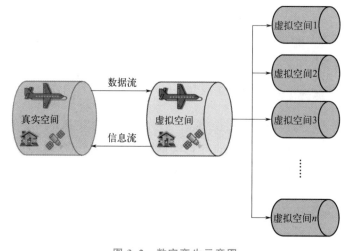

【拓展图文】

图 3.2　数字孪生示意图

　　数字孪生是一种以数字化方式创建物理实体的虚拟实体，充分利用物理模型和传感器更新并运行历史数据，集成多学科、多物理量、多尺度、多概率的仿真过程，在虚拟空间中完成映射，从而反映相应的实体产品生命周期。数字孪生主要通过将物理世界的人、物、事件等所有要素数字化，在网络空间再造一个与之对应的虚拟数字世界，形成物理维度上的实体世界和信息维度上的数字世界同生共存、虚实交融的格局。物理世界的动态通过传感器精准、实时地反馈到数字世界。数字化、网络化可实现由实入虚，网络化、智能化可实现由虚入实，通过虚实互动持续迭代，实现物理世界的最佳有序运行。

3.3.2　数字孪生系统

　　数字孪生是一个基于虚拟化技术的概念，它将实际物理系统与数字模型结合，以实现模拟、预测和优化实际系统的运行。数字孪生的核心是数字孪生系统，它由多个子系统组成，实现了数字孪生的各种功能。数字孪生系统如图 3.3 所示。

【拓展图文】

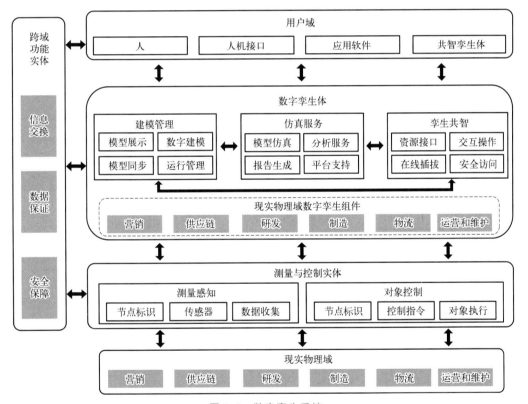

图 3.3　数字孪生系统

　　数字孪生系统由用户域、数字孪生体、测量与控制实体、现实物理域和跨域功能实体五个层次组成。

　　第一层是使用数字孪生的用户域，包括人、人机接口、应用软件及共智孪生体。

　　第二层是与物理实体目标对象对应的数字孪生体。它是反映物理对象某一视角特征的数字模型，并提供建模管理、仿真服务和孪生共智三个功能。建模管理涉及物理对象的数

字建模与模型展示、与物理对象的模型同步和运行管理。仿真服务包括模型仿真、分析服务、报告生成和平台支持。孪生共智涉及资源接口、交互操作、在线插拔和安全访问。建模管理、仿真服务和孪生共智之间传递物理对象的动态感知、诊断和预测所需的信息。

第三层是处于测量控制域、连接数字孪生体和物理实体的测量与控制实体，实现物理对象的测量感知和对象控制。

第四层是与数字孪生体对应的物理实体目标对象所处的现实物理域，测量与控制实体和现实物理域之间有测量数据流和控制信息流的传递。

第五层是跨域功能实体。测量与控制实体、数字孪生体及用户域之间的数据流和信息流传递，需要信息交换、数据保证、安全保障等跨域功能实体的支持。信息交换通过适当的协议实现数字孪生体之间交换信息。安全保障负责数字孪生系统安保相关的认证、授权、保密和完整性。数据保证与安全保障一起确保数字孪生系统数据的准确性和完整性。

3.3.3 数字孪生的关键技术

建模、仿真和基于数据融合的数字线程是数字孪生的三项核心技术。

1. 建模

建模的目的是将人类对物理世界或问题的理解进行简化和模型化。数字孪生的目的或本质是通过数字化和模型化消除物理实体（特别是复杂系统）的不确定性。建立物理实体的数字化模型或信息建模技术是创建数字孪生、实现数字孪生的源头和核心技术，也是数字化阶段的核心。

数字孪生的模型发展分为四个阶段，这种划分代表了工业界对数字孪生模型发展的普遍认识，如图 3.4 所示。

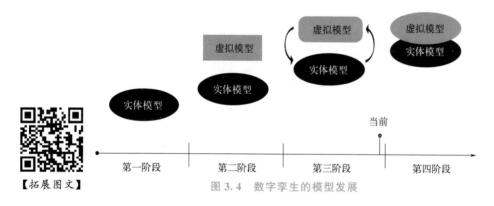

【拓展图文】

图 3.4　数字孪生的模型发展

第一阶段是实体模型阶段，没有虚拟模型与之对应。在神舟十六号载人飞行任务中，航天器的物理实体、可视化模型、计算机系统及通信数据流构成了一套完整的数字孪生系统。

第二阶段是实体模型有对应部分实现的虚拟模型，但它们之间不存在数据通信。其实这个阶段不能称为数字孪生阶段，准确的说法一般是实体的数字模型。虽然在此阶段有虚拟模型，但这个虚拟模型可能反应的是来源于它的所有实体，如设计成果的二维模型、三维模型同样使用数字形式表达实体模型，但二者之间并不是与个体对应的。

第三阶段是在实体模型生命周期里存在与之对应的虚拟模型，但虚拟模型是部分实现的，就像实体模型的影子，也可称为数字影子模型。在虚拟模型间和实体模型之间可以进行有限的双向数据通信，即实体状态数据采集和虚拟模型信息反馈。当前数字孪生的建模技术能够较好满足这个阶段的要求。

第四阶段是完整的数字孪生阶段，即实体模型和虚拟模型完全对应。虚拟模型完整表达了实体模型，并且二者融合实现了实体模型与虚拟模型的自我认知和自我处置，相互之间的状态能够实时同步。有时可以先有虚拟模型，再有实体模型，这也是数字孪生技术应用的高级阶段。

人们很容易认为一个物理实体对应一个数字孪生体，如果只是几何层面的，这种说法尚能成立。但是，一个物理实体不是只对应一个数字孪生体，可能需要多个从不同侧面或视角描述的数字孪生体。因为人们需要认识实体所处的不同阶段、不同环境中的不同物理过程，所以一个数字孪生体显然难以描述。例如，一台机床在加工时的振动变形情况、热变形情况、刀具与工件相互作用的情况等，需要不同的数字孪生体进行描述。

不同的建模者从某个特定视角描述一个物理实体的数字孪生模型似乎应该是一样的，但实际上可能有很大差异。如前所述，一个物理实体可能对应多个数字孪生体，但从某个特定视角的数字孪生体似乎应该是唯一的，实则不然。不仅模型的表达形式存在差异，而且孪生数据的粒度有所不同。一般而言，粒度数据有利于人们更深刻地认识物理实体及其运行过程。例如，在智能机床中，通过传感器可以实时获得加工尺寸、切削力、振动、关键部位的温度等数据，以反映加工质量和机床运行状态。不同的建模者对数据的取舍不一样。

2. 仿真

仿真通过研究模型揭示实际系统的形态特征和本质，从而达到认识实际系统、预测系统行为的目的。

系统仿真是基于系统模型的一种应用，其基础是系统建模。建模将人类对物理世界或问题的理解模型化，仿真是验证及确认这种理解的正确性和有效性。所以，数字化模型的仿真技术是创建和运行数字孪生、保证数字孪生与对应物理实体实现有效闭环的核心技术。

仿真是采用将包含确定性规律和完整机理的模型转化为软件的方式模拟物理世界的一种技术。只要模型正确并拥有完整的输入信息和环境数据，就可以基本正确地反映物理世界的特性和参数。

仿真兴起于工业领域，作为必不可少的技术，已经被世界上众多企业广泛应用于工业各领域中。仿真是推动工业技术快速发展的核心技术，也是"工业 3.0"的重要技术，在产品优化和创新活动中扮演着重要角色。近年来，随着"工业 4.0"、智能制造等新一轮工业革命的兴起，新技术与传统制造的结合催生了大量新型应用，工程仿真软件也开始与这些先进技术结合，在研发设计、生产制造、试验运营和维护等环节中发挥越来越重要的作用。

随着仿真技术的发展，仿真技术被越来越多的领域采纳，逐渐发展出更多类型的仿真技术和仿真软件。与数字孪生紧密相关的工业制造场景所涉及的仿真技术如下。

【拓展视频】

（1）产品仿真，如系统仿真、多体仿真、物理场仿真、虚拟实验等。

（2）制造仿真，如工艺仿真、装配仿真、数控加工仿真等。

（3）生产仿真，如离散制造工厂仿真［图 3.5（a）］、流程制造仿真［图 3.5(b)］等。

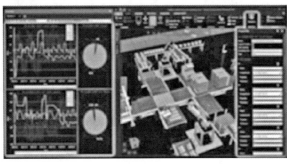

(a) 离散制造工厂仿真

(b) 流程制造仿真

图 3.5　工业制造场景下的仿真技术

数字孪生是仿真应用的新高度。在数字孪生成熟度的每个阶段，仿真都扮演着不可或缺的角色：数字化的核心技术——建模，总是和仿真联系在一起或是仿真的一部分；"互动"是半实物仿真中常见的场景；"先知"的核心技术就是仿真；"共智"需要通过不同孪生体之间的多种学科耦合仿真使思想碰撞，产生智慧的火花。数字孪生也因仿真在不同成熟度阶段中无处不在而成为智能化的源泉与核心。

3. 数字线程

数字孪生应用的前提是各环节的模型及大量的数据。如何产生、交换和流转类似于产品的设计、制造、运营和维护等方面的数据？如何在一些相对独立的系统之间实现数据的无缝流动？如何在正确的时间用正确的方式把正确的信息连接到正确的位置？如何追溯连接的过程？如何评估连接的效果？这些正是数字线程要解决的问题。数字线程是指一种信息交互的框架，能够打通原来多个竖井式业务视角，连通产品生命周期数据的互联数据流和集成视图。数字线程以强大的端到端的互联系统模型及基于模型的系统工程流程为支撑和支持，如图 3.6 所示。

数字线程是与某个或某类物理实体对应的若干个数字孪生体之间的沟通桥梁，这些数字孪生体反映了该物理实体不同侧面的模型视图。数字线程与数字孪生体的关系如图 3.7 所示。

实现多视图模型数据融合的机制或引擎是数字线程的核心。因此，在数字孪生的概念模型中，将数字线程表示为模型数据融合引擎和一系列数字孪生体的结合。在数字孪生环境下，实现数字线程有如下需求。

（1）能区分类型和实例。

（2）支持需求及其分配、追踪、验证和确认。

（3）支持系统跨时间尺度各模型视图间的实际状态记录、关联和追踪。

（4）支持系统跨时间尺度各模型间的关联和时间尺度模型视图的关联。

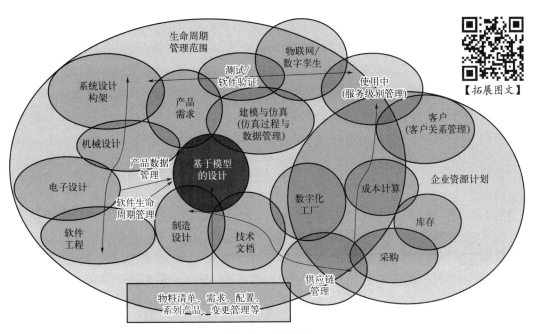

图 3.6　数字线程

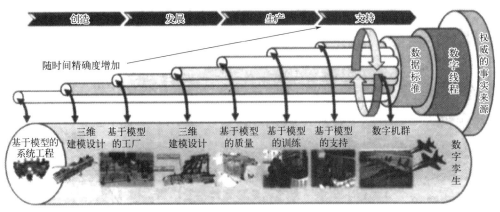

图 3.7　数字线程与数字孪生体的关系

【拓展图文】

（5）记录各种属性及其随时间和不同视图的变化。

（6）记录作用于系统及由系统完成的过程或动作。

（7）记录使能系统的用途和属性。

（8）记录与系统及其使能系统相关的文档和信息。

数字线程只有在产品生命周期中使用某种"共同语言"才能交互。例如，在概念设计阶段，产品工程师与制造工程师共同创建能够共享的动态数字模型，并据此模型生成加工制造和质量检验等生产过程所需的可视化工艺、数控程序、验收规范等，不断优化产品和过程，并保持实时同步更新。数字线程能有效评估产品的当前能力和未来能力，在产品开发之前，通过仿真的方法提早发现产品的性能缺陷，优化产品的可靠性、可制造性、质量控制，以及在产品生命周期中应用模型实现可预测维护。

3.3.4　数字孪生在智能制造中的典型应用案例

1. 数字孪生设计物料堆放场

在电厂、钢铁厂、矿场都有物料堆放场。传统上，设计这些堆放场的需求是人为规划的。建设并运行堆放场后，却经常发现当时的设计无法满足现场需求。这种差距有时非常大，甚至会造成巨大浪费。

为了解决上述问题，在设计新的物料堆放场时，ABB公司利用了数字孪生，如图3.8所示。从设计需求开始，设计人员就利用物联网获得的历史运行数据进行大数据分析，对需求进行优化。在设计过程中，ABB公司借助CAD、CAE、VR等技术开发了物料堆放场的数字孪生。数字孪生实时反映物料传输、存储、混合、质量等随环境变化的参数。该物料堆放场的设计并不是一次完成的，而是经过多次优化定型的。在优化阶段，数字孪生对物料堆放场进行虚拟运行，通过虚拟运行反映动态变化，从而提前获得运行后可能会出现的问题，然后自动进行改进设计；多次迭代优化后，形成最终的设计方案。

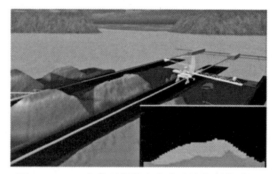

【拓展图文】　　　　　图3.8　ABB公司利用数字孪生设计物料堆放场

运行过程证明，通过数字孪生设计的新方案可以更好地满足现场需求。结合物联网，设计阶段的数字孪生体会在运行阶段继续使用，不断优化物料堆放场的运行。

2. 数字孪生机床

机床是制造业中的重要设备。随着客户对产品质量要求的提高，机床面临着提高加工精度、降低次品率和能耗等严苛的要求。

数字孪生机床（图3.9）可以优化和控制机床的加工过程。除了采用常规的基于模型的仿真和评估，研究人员还采用基于模型的评估，结合监视数据，改进制造过程的性能。优化控制部件可以进行维护操作、提高能源效率、修改工艺参数、提高生产效率、确保机床重要部件在下次维修之前都保持良好状态。

建立机床的数字孪生体时可以利用CAD和CAE技术建立数字孪生机床的动力学模型、加工工程模拟模型、能源效率模型和关键部件寿命模型。这些模型能够计算材料去除率和毛边厚度变化，以及预测道具破坏的情况。除优化道具加工过程中的切屑力外，还可以模拟道具的稳定性，允许对加工过程进行优化。此外，这些模型可以预测表面粗糙度和热误差。数字孪生机床能实时连接这些模型和测量数据，为控制机床的操作提供辅助决策。机床的监控系统部署在本地系统中，同时将数据上传至云端的数据管理平台，在其上管理并运行这些数据。数字孪生机床的液压控制系统如图 3.10 所示。

【拓展图文】

图 3.9　数字孪生机床

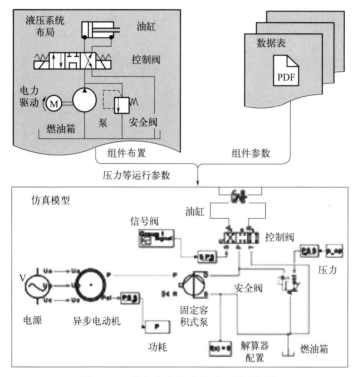

【拓展图文】

图 3.10　数字孪生机床的液压控制系统

　　数字孪生是一种强大的工具，可以帮助用户更好地理解和管理物理实体或系统，优化生产流程，提高产品质量、生产效率及经济效益。

3.4　虚拟样机技术

3.4.1　虚拟样机技术概述

　　虚拟样机技术是将 CAD 建模技术、计算机支持的协同工作（computer supported

cooperative work，CSCW）技术、用户界面设计技术、基于知识的推理技术、设计过程管理和文档化技术、虚拟现实技术集成起来，形成一种基于计算机、桌面化的分布式环境，以支持产品设计过程中的并行工程的方法。利用虚拟环境在可视化方面的优势及可交互式探索虚拟物体功能，对产品进行几何、功能、制造等多方面交互的建模与分析。虚拟样机技术在 CAD 模型的基础上，结合虚拟技术与仿真方法，为产品的研发提供了一种全新设计的方法。虚拟样机的概念与集成化产品和加工过程开发（integrated product and process development，IPPD）是分不开的。IPPD 是一个管理过程，将产品概念开发到生产支持的所有活动集成，对产品及其制造和支持过程进行优化，以满足性能和成本目标。IPPD 的核心是虚拟样机，而虚拟样机技术只有依赖 IPPD 才能实现。

根据产品开发的基本流程（图 3.11），传统的机电产品开发通常按照市场调研→概念设计→详细设计→物理样机制造→物理样机试验→修改设计方案→重新制造样机→新的样机试验→……→批量生产的流程展开，各环节呈串行关系，设计方案的可行性在很大程度上依赖物理样机试验的结果。由于缺少有效的技术手段和分析工具，因此通常到物理样机试验阶段才能发现详细设计，甚至是概念设计中存在的问题，这严重影响了产品开发的进度、效率和质量。

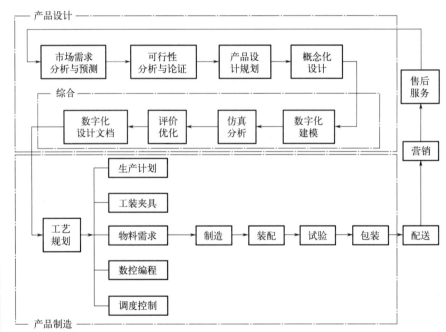

【拓展图文】

图 3.11　产品开发的基本流程

经济全球化使市场竞争日益激烈，为提高产品的市场竞争力，制造企业要缩短产品研发周期、提高产品性能和质量、降低开发和生产成本。20 世纪 80 年代以后，随着数字化设计、数控加工、数字化仿真和计算机软硬件等技术的成熟，产品开发开始向数字化设计→数字化样机→数字化样机测试→数字化制造→数字化产品生命周期管理的全数字化开发模式转变。

虚拟样机（digital prototype）也称数字化样机，是建立在计算机上的原型系统模型或子系统模型，其在一定程度上具有与物理样机相当的功能和真实度，可以代替物理样机来对设计方案的特性进行测试和评价。

虚拟样机是由多学科集成形成的综合性技术，如图 3.12 所示，它以运动学、动力学、材料学、流体力学、热力学、优化理论、有限元分析、数据管理、计算机图形学和几何建模等学科知识为基础，集成产品设计与产品分析，构建虚拟现实的产品数字化设计、分析和优化研究平台，以便在进行产品制造之前准确了解产品的性能特征。

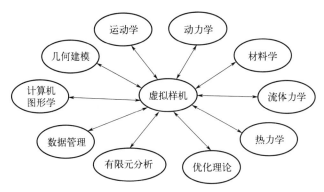

图 3.12　虚拟样机的学科体系

【拓展图文】

虚拟样机技术是一种全新的产品设计理念。它以产品数字化模型为基础，将虚拟样机与虚拟环境耦合，测试、分析、评估产品设计方案和各种动态性能，通过修改设计方案及工艺参数来优化整机性能。由于虚拟样机技术强调系统性能的动态优化，因此也称系统动态仿真技术。

基于虚拟样机技术的产品开发具有以下特点。

（1）数字化。

虚拟样机技术的数字化特征主要表现在：①产品呈现方式的数字化，产品在不同开发阶段，直至成品出现之前，均以数字化方式（产品数字化模型）存在；②产品开发进程管理的数字化，采用数字化方式管理产品开发的全过程，包括开发任务的分配与协调；③信息交流的数字化，开发的不同阶段之间、部门与部门之间的信息交流均采用数字化方式完成。

（2）虚拟化。

产品开发从市场调研、产品规划、设计、制造到检验、试验直至报废均在计算机的虚拟环境中实现，这样不仅可以实现产品物质形态、制造过程的模拟和可视化，还可以实现产品性能状态、动态行为预测、评价和优化的虚拟化。

（3）网络化。

虚拟产品开发是网络化协同工作的结果。由于机电产品及其开发过程具有复杂性，单一的技术人员和部门难以胜任全部开发工作，因此通常由不同部门甚至不同单位的不同工程技术人员组成的开发团队在网络化环境下协同完成。例如，在北京大兴国际机场的建设过程中，设计、施工和运营团队能够在统一的数字平台上进行协同工作，实时共享并更新设计和施工数据。

3.4.2 虚拟样机分析软件

可以将虚拟样机技术应用到零部件及机械系统开发的众多环节中,其中,机械系统运动学和动力学分析是虚拟样机的重要研究内容。从运动学及动力学的角度,可以将机械系统视为多个相互连接且彼此之间能做一定相对运动的构件的有机组合。以系统模型为基础,利用虚拟样机技术可以仿真和评估机械系统的运动学及动力学特性,确定系统及其构件在任意时刻的位置、速度、加速度及运动所需的作用力。

机械系统运动学及动力学仿真分析包括以下内容。

(1)系统静力学分析。分析在外力作用下各构件的受力和抗压强度问题,通常假定机械系统是一个刚性系统,系统中各构件之间没有相对运动。

(2)系统运动学分析。当系统中的一个或多个构件的绝对位置或相对位置与时间存在一定的关系时,通过求解位置、速度和加速度的非线性方程组,可以求得其余构件的位置、速度和加速度与时间的关系。

(3)系统动力学分析。分析由外力作用引起的系统运动,可以用来确定在与时间无关的力的作用下系统的平衡位置。

虚拟样机分析软件要完成机械系统的运动学和动力学仿真分析,除要有运行学和动力学的基本理论和算法外,还应具有以下技术。

(1)产品造型和显示技术。其用于完成机械系统的几何建模,并以图形化界面直观显示仿真结果。

(2)有限元分析技术。当已知外力时,其用来分析机械系统的应力、应变和抗压强度状况;或当已知机械系统的运动学和动力学结果时,分析所需外力及边界条件。

(3)软件编程和接口技术。虚拟样机分析软件应具有一定的开放性,允许用户通过编程或函数调用等方式建立各种工况,模仿在不同作用力和状态下的系统性能,满足机械系统开发的实际需求。

(4)控制系统设计和分析技术。现代机械系统是机械、液压、气动和其他自动化控制装置的有机组合。虚拟样机分析软件应具有运用控制理论仿真分析机械系统的能力,或提供与其他专业控制系统分析软件的接口。

(5)优化分析技术。虚拟样机技术的重要作用是优化机械系统及其结构设计,以获得最佳结构参数和最优系统综合性能。

ADAMS是技术领先的机械运动学及动力学分析软件,可以生成复杂的机—电—液一体化系统的运动学及动力学的虚拟样机模型,模拟系统的静力学、运动学和动力学行为,提供产品概念设计、方案论证与优化、详细设计、试验规划和故障诊断等阶段的仿真计算。ADAMS功能强大、分析精确、界面友好、通用性强,广泛应用于航空航天、汽车、铁路等领域的产品开发中。

ADAMS包括核心模块、功能扩展模块、专业模块、工具箱和接口模块等,如图3.13所示。其中,核心模块包括用户界面(ADAMS/View)模块、求解器(ADAMS/Solver)、专业后处理(ADAMS/PostProcessor)模块。其他模块适用于各种特殊的应用场合,可以根据需要配置。

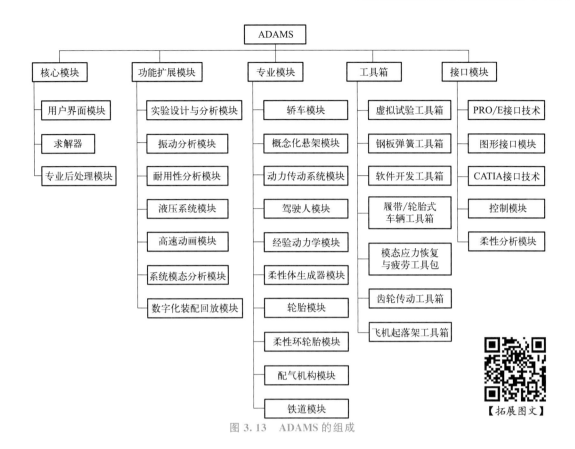

图 3.13 ADAMS 的组成

3.4.3 虚拟样机的应用

目前，虚拟样机技术已被广泛应用于航空航天、汽车、工程机械、船舶、机器人、生产线、物流系统等领域。

以航空航天领域为例，虚拟样机技术可用于研究飞船的运行轨迹与姿态控制，空间飞行目标捕捉技术，载人飞船与空间站对接技术，飞船的发射、着陆和回收技术，宇航员操作与出仓活动，飞船故障维修和应急处理，太阳能帆板展开机构设计，等等。

虚拟样机技术已受到企业的高度重视，技术领先、实力雄厚的企业纷纷将虚拟样机技术引入其产品开发中，以保持企业的竞争优势。我国企业十分重视虚拟样机技术的应用。例如，比亚迪（BYD）作为中国领先的新能源汽车和电池制造商，利用虚拟样机技术进行车辆的空气动力学仿真。通过计算流体动力学仿真，在虚拟环境中模拟车辆在不同速度和风向下的空气流动情况，从而优化车辆外形设计，减少风阻，提高燃油效率及续驶里程，提高车辆的整体性能。此外，比亚迪进行了碰撞测试仿真、热管理系统仿真、电池电化学仿真、虚拟装配仿真、生产线仿真、产品性能仿真等，不仅提高了研发效率和产品质量，还降低了开发成本和时间，增强了市场竞争力。

产品开发的技术手段已经发生重大转变，数字化和虚拟样机技术逐步取代了传统的实物样机试验研究。我国奇瑞公司十分重视数字化仿真技术，其从海内外引进 100 余位专业技术人员，建立了具有国际领先水平的汽车研发仿真平台，分析对象覆盖所有关键零部件、子系统和整车,具备从概念设计到样机制造的全过程仿真验证能力。高水平仿真平台的建立有效缩短了新产品开发周期,提高了市场响应速度,降低了开发成本,并在提高产品安全性、耐用性、综合性能等方面发挥了重要作用。数字化仿真推动了奇瑞公司的自主研发和技术创新,成为奇瑞汽车研发、设计和生产中不可或缺的技术手段。2022年,奇瑞公司的智能驾驶系统"奇瑞智驾"获得了"智能汽车技术创新奖";2023年,在智能驾驶技术应用领域获得了"中国智能汽车行业发展贡献奖"。

在国产支线飞机 ARJ21 的研制过程中,原中航第一集团 640 研究所以 CATIA 软件为平台,建立了 ARJ21 三维实体模型,完成了数字化装配、干涉检查、运动分析、可维修/可维护性分析、人机工程、运动学和动力学分析、数控加工仿真等仿真研究,形成了新型支线飞机虚拟样机,成功探索出飞机虚拟样机设计之路。

虚拟样机技术在航空航天和空间机构研究中也得到了广泛应用。例如,我国"神舟"系列飞船研制过程中大量采用数字化仿真和虚拟样机技术。其中,上海航天局 805 所成功地应用 ADAMS 软件完成了太阳电池阵及其驱动机构的虚拟样机设计。此外,他们应用 ADAMS 软件完成了多项空间与地面机构的运动学及动力学仿真研究,如接触撞击、缓冲校正等,为按期、高质量地完成相关项目提供了技术保证。

本 章 小 结

(1)数字化是指利用数字技术对具体业务、场景进行数字化改造,起到降本增效的作用。智能制造数字化可以采集海量的数字化数据,"感受"工业制造的整个过程。

(2)数字化设计与仿真是一种通过计算机技术对生产过程进行模拟和优化的方法,可以提高生产效率和质量。

(3)物理工厂数字化的核心是基于数字孪生建立工厂的物理对象,模拟工厂在现实环境中的行为及状态,对整个工厂进行数字化仿真,从而提高生产、运营和维护及远程管理效率。

(4)智能设计是指应用现代信息技术,采用计算机模拟人类的思维活动,提高计算机的智能水平,从而使计算机能够更多、更好地承担设计过程中的复杂任务,成为设计人员的重要辅助工具。

(5)智能设计按设计能力可以分为常规设计、联想设计和进化设计三个层次。

(6)智能设计的关键技术包括设计知识表示、设计概念的符号化演绎与传递、设计意图的模糊交互、设计理性知识检索和大数据时代的设计知识智能挖掘等。

(7)数字孪生是数字世界中的实体与其物理世界中的孪生体之间的一种虚实融合的技术。

(8)数字孪生的核心是数字孪生系统,它由多个子系统组成,可实现数字孪生的各种功能。

(9)建模、仿真和基于数据融合的数字线程是数字孪生的三项核心技术。

(10)虚拟样机技术是一种全新的产品设计理念。它以产品数字化模型为基础,将虚拟样机与虚拟环境耦合,测试、分析、评估产品设计方案和动态性能,通过修改设计方案及工艺参数来优化整机性能。由于虚拟样机技术强调系统性能的动态优化，因此也称系统动态仿真技术。

思　考　题

1. 制造场景下的数字化设计路径是什么？
2. 智能设计按设计能力可以分为几个层次？
3. 智能 CAD 系统有哪几种设计方法？它们的特点分别是什么？
4. 数字孪生有哪些实施工具？
5. 虚拟样机技术有哪些优点？它可以应用在哪些领域？

第4章
网联化：使制造互联互通

案例引入

从 1G 模拟信号通信时代、2G 数字调制技术时代，到 3G 高速数据传输时代、4G 驱动互联网时代、5G 智慧互联时代，移动通信技术的发展（图 4.1）给我们的生活带来了翻天覆地的变化。移动通信技术如此深刻地影响着我们的生活，但我们对移动通信技术又有多少了解呢？

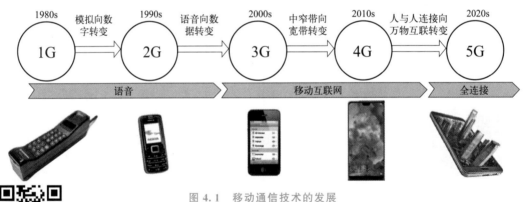

图 4.1　移动通信技术的发展

【拓展图文】

学习目标

1. 掌握 5G 与智能制造
2. 了解"互联网＋"与智能制造
3. 掌握工业物联网
4. 掌握云计算与大数据

智能制造的网联化是通过互联互通、高速传输、云端计算实现的，一方面打破"信息化孤岛"，打通工厂内部的数据流；另一方面进一步打通供应链各环节数据流，实现产品生命周期数字化。

随着信息化和自动化在制造业的逐步应用，虽然制造业数字化水平提升，但大量独立的信息化系统导致"信息化孤岛"问题。通过物联网、云计算等新一代技术，制造业可以解决这个问题，从而实现制造互联互通。

4.1　5G 与智能制造

4.1.1　5G 的定义

5G 是指第五代移动通信技术。"G"取自"Generation"，是一代移动通信标准，数字 1～5 表示经历的移动通信标准。

5G 时代又称智慧互联时代。图 4.2 所示为 5G 关键性能图，又称 5G 之花。不难看出，与已经非常成熟的 4G 相比，5G 在用户体验速率上提升 10～100 倍，而单位面积内的用户连接数将进入百万级别，流量密度提升 10～100 倍。在保证如此惊人的网络速度的同时，5G 可以支持毫秒级的端到端时延和 500km/h 的移动速度。此外，5G 的发展应用将提高系统的能效、频谱效率及成本效率。

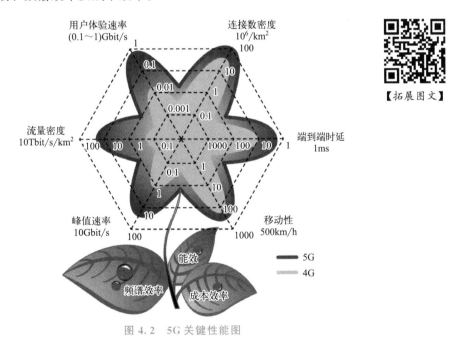

【拓展图文】

图 4.2　5G 关键性能图

4.1.2　5G 的特点

在智能制造中，5G 的应用是与 5G 的特点息息相关的。5G 具有以下特点。

(1) 增强移动宽带（eMBB）：主要面向 3D、超高清视频等大流量移动宽带业务。eMBB 除了在 6GHz 以下的频谱发展相关技术，还会在 6GHz 以上的频谱发展。小型基地台将是发展 eMBB 的重要设备。目前 6GHz 以下的频谱大多以大型基地台发展的传统网络模式为主，而 6GHz 以上频谱的毫米波技术需要小型基地台将速度冲得更高。

(2) 海量机器类通信（mMTC）：主要面向大规模物联网业务。mMTC 将在 6GHz 以下的频谱发展，并应用在大规模物联网上。目前较成熟的发展成果是窄带物联网（narrow band internet of things，NB－IoT）。以往普遍的 Wi－Fi、蜂舞协议（ZigBee）、蓝牙等均属于小范围技术，回传线路主要依靠 LTE。随着大范围覆盖的 NB－IoT、LoRa（long range radio，长距离无线电）等技术标准的出炉，物联网的应用将更为广泛。

(3) 超高可靠、超低时延（uRLLC）：主要面向无人驾驶、工业自动化等业务。在智慧工厂中，由于大量的机器都内建传感器，从传感器、后端网络下指令，再传回机器的过程中，若以现有的网络传输，将出现很明显的延迟，可能引发工厂安全事故。鉴于此，uRLLC 可将网络等待时间降低到 1ms 以下。

未来的工厂是数字虚拟和物理现实相融合、信息与通信技术（information and communication technology，ICT）与现代制造业相融合的工厂，这将提高工业生产的灵活性、可追溯性、多功能性和生产效率，为制造业开辟新的商业模式。工厂内部和外部之间的界线越来越模糊，工厂不再是独立的封闭实体，而是庞大的价值链和生态系统的一部分，这就是所谓的"虚拟工厂"。

4.1.3　5G 在智能制造中的业务场景

5G 与传统制造业的应用需求结合，可以催生物联网、工业自动化控制、端到端集成、工业 AR、云化机器人等业务场景。

【拓展视频】

1. 物联网

随着数字化转型的逐渐推进，物联网作为连接人、机、料、法、环、测等多业务元素，5G 具有数据传输快、传输量大等特点，可满足串联制造过程中各环节的需求，用于智能工厂中数据串联与正反向追溯。

2. 工业自动化控制

之前的工业自动化控制都是通过工厂自动化总线控制的，但是这种应用模式的传输距离有限，无法满足长距离操作控制需求。而 5G 可达到超高可靠、超低时延，使远程工程机械操作成为可能。

3. 端到端集成

随着数字化转型盛行，部分企业将业务范畴由制造端拓展到服务端，这就需要跨越产品生命周期，连接分布广泛的已售出的商品，需要功耗低、成本低、覆盖广的网络；企业内部各部门之间、企业与企业之间（上、下游企业）的横向集成也需要网络传输数据，5G 刚好满足端到端集成需求。

4. 工业 AR

在流程式生产企业中，需要人为到现场巡检、监控设备等，但是由于部分设备所处环境恶劣，如巡检核电厂设备。为了保障核电厂设备的正常运转、监控工艺的贯彻执行（温度、压力等），需要人为频繁涉险，在这种情形下 AR 将发挥很关键的作用，专家可以进行远程运营和维护。在这些应用中，AR 设备需要具备灵活性和轻便性，以便远程运营和维护工作高效开展。

5. 云化机器人

在智能制造生产场景中，需要机器人有组织协同能力来满足柔性生产需求，这就带来了机器人对云化的需求。5G 是云化机器人理想的通信网络，也是使云化机器人应用的关键。

4.1.4 5G 赋能制造

1. 远程设备运营和维护

在大型企业的生产场景中，经常涉及跨工厂、跨地域设备维护及远程问题定位等。在这些生产场景中应用 5G 后，可以提升运营和维护效率，降低成本。5G 带来的不仅有万物互联，还有万物信息交互。因此，未来智能工厂的维护工作将突破工厂边界。工厂按照运营和维护工作的复杂程度，再结合实际情况安排工业机器人或者人与工业机器人协作完成运营和维护工作。

未来工厂中的每个物体都是一个有唯一 IP 的终端，生产环节的原材料也是具有信息属性的，原材料会根据信息自动生产和维护。人也因此变成了具有自己 IP 的终端，人和工业机器人进入整个生产环节，与带有唯一 IP 的原材料、设备、产品进行信息交互。工业机器人在管理工厂的同时，人可以远程第一时间接收实时信息并进行跟进及交互操作。

2. 设备联网

工业控制大致分为设备级、产线级和车间级，设备级和产线级对可靠性及时延的要求很高，目前主要采用现场总线等有线方式。

随着工业互联网的发展，越来越多的车间设备［机床、机器人、自动导引车（AGV）等］开始接入工厂内网，尤其是 AGV 等移动设备对通信需求是有线网络难以满足的，因此对工厂内网的灵活性和带宽要求越来越高。传统工厂有线网络可靠性高、带宽大，但灵活性较差；无线网络的灵活性较高，但可靠性、覆盖范围、接入数量等都存在不足。兼具灵活性好、带宽大和多终端接入特点的 5G，成为承载工厂内设备接入和通信的新选择。

3. 质量控制

工业品的质量检测主要基于传统人工检测手段，较先进的检测方法是将待检测产品与预定缺陷类型库比较，上述方法的检测精度和检测效率均无法满足现阶段高质量生产的要求，缺乏一定的学习能力和检测弹性，导致检测精度和效率较低。另外，由于 4G 的计算

能力较低、时延较高、带宽较小，数据无法系统联动，只能在线下处理，因此人力成本很高。

基于 5G 大带宽、低时延的特点，"5G＋AI＋机器视觉"能够观测微米级目标，获得的信息量是全面且可追溯的，可以方便地集成和存储相关信息，从而使整个质量检测的流程得以改变。

区别于传统的人工观察，视觉检测能够清晰地观测物料的表面缺陷。由于视觉检测涉及更大的数据量，因此需要更高的传输速度，5G 能够完全解决视觉检测的传输问题。

4. 可视化工厂

智能工厂生产的环节涉及物流、上料、仓储等方案判断和决策，生产数据的采集和车间工况、环境的监测越来越重要，5G 能为生产的决策、调度、运营和维护提供可靠的技术支持。在 4G 条件下，工业数据采集在传输速度、覆盖范围、时延性、可靠性和安全性等方面存在局限性，无法形成较为完备的数据库。

5G 能够为智能工厂提供全云化网络平台。精密传感技术可以应用于不计其数的传感器，在极短时间内上传信息状态，大量工业级数据通过 5G 收集后可以形成庞大的数据库，工业机器人结合云计算的超级计算能力可进行自主学习和精确判断，最终提出最佳解决方案，真正实现可视化工厂。

5. 物流管理

在射频识别（RFID）、电子数据交换（EDI）等技术的应用下，智能物流供应的发展几乎解决了传统物流仓储的各种难题。但现阶段 AGV 调度往往采用 Wi-Fi 通信方式，存在易干扰、切换和覆盖能力不足等问题。4G 已经难以支撑智慧物流信息化建设并高效利用数据协调物流供应链中的各环节，使整个物流供应链体系变得低成本且运作高效是制造业面临的重点难题。

5G 大宽带的特点有利于参数估计，可以为高精度测距提供支持，实现精准定位。5G 延时低的特点可以使物流各环节更加快速、直观、准确地获取相关数据，使物流运输、商品装捡等数据更迅速地到达用户端、管理端及作业端。5G 还可以在同一工段、同一时间点允许更多的 AGV 协同作业。

4.2 "互联网＋"与智能制造

【拓展图文】

互联网与工业融合（图 4.3）是制造业科技革命的突出特征，互联网已然成为企业间协同创新与资源聚合共享的核心平台、企业内业务流程优化与运营效率提升的重要工具、服务模式创新的关键支撑、跨越企业边界并变革企业生态体系的集成创新系统。移动互联的巨大贡献是利用智慧技术实现在时间和空间上的自由。而工业互联网开启了一个新时代，它不仅是传统互联网的延伸，而且是开启人物相联、物物相联的大联接世界。

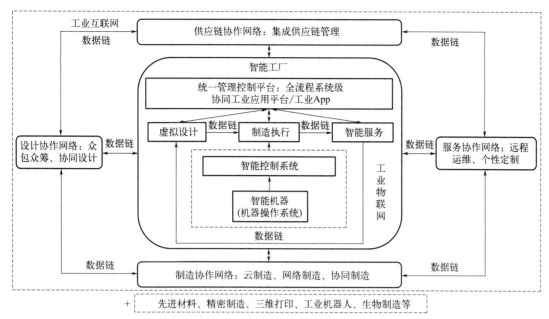

图 4.3 互联网与工业融合

全球正处于以信息技术为核心的新一轮科技革命和产业变革中。制造业技术体系在三维打印、数字制造、工业机器人等技术的重大突破下重构；制造模式在基于 CPS 的智能工厂引领下向智能化方向发展；网络众包、云制造、大规模个性化定制、异地协同设计、精准供应链、电子商务等网络协同制造模式正在被重塑。全球制造业正在经历制造技术体系、制造模式、产品生命周期和价值链的巨大变革。

4.2.1 "互联网＋"提升制造业地位

互联网和传统行业深度融合成为新一轮"中国制造"的制高点。物联网、云计算、大数据、工业互联网、移动互联网、电子商务等都将成为推动制造业发展的关键技术。

传统工业化的技术特征是利用机械化、电气化和自动化，实现大规模生产和批量销售。在当前复杂的国际竞争中和国内环境下，为提升我国制造业在全球产业价值链中的地位、解决制造业大而不强的问题，必须从传统生产方式向智能化生产方式转变。

4.2.2 "互联网＋"重塑制造业价值链

2015 年，国务院印发的《关于积极推进"互联网＋"行动的指导意见》中提到，推动互联网与制造业融合。无界限、全民化、信息化、传播快是互联网的典型特征。"互联网＋工业"是"工业 4.0＋工业互联网"的融合，除信息化和传播快外，还将实现制造业上下游合作的无界限及价值链共享经济下的全民化。"互联网＋工业"是"信息共享＋物理共享"，从而开创全新的共享经济，带动大众创业和万众创新。

现代工业化的技术特征，除通过物理系统（机械化、电气化、自动化）外，还要融合信息系统（计算机化、信息化、网络化），最终实现信息物理系统（智能化）。"互联网＋工业"将有效推动中国制造业向智能化发展。

因此，随着"互联网＋工业"的发展，制造业价值链中的各环节将共同创造价值、共同传递价值、共同分享价值。"互联网＋工业"将对制造业"微笑曲线"（图4.4）进行一次颠覆性的重塑：个性化定制把前端的研发设计交给用户；用户直接向企业下订单以弱化后端的销售，从而拉平微笑曲线，并重新结合成制造业价值环（图4.5）。

【拓展图文】

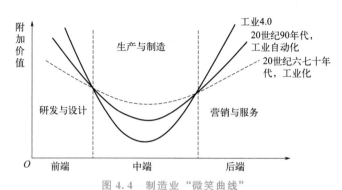

图4.4　制造业"微笑曲线"

【拓展图文】

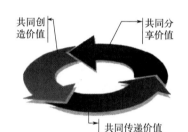

图4.5　制造业价值环

4.2.3 "互联网＋"重构制造产业链

产业链是指产业在生产产品和提供服务过程中按内在的技术经济关联要求，将有关的经济活动、经济过程、生产阶段或经济业务按次序联接起来的链式结构。

根据制造业"微笑曲线"，企业只有不断往附加价值高的区域定位，才能持续发展并永续经营。在制造业"微笑曲线"上，一条产业链分为三个区间，即研发与设计、生产与制造、营销与服务。其中，生产与制造总是处在产业链上的低利润环节，于是生产与制造的厂商总是不断地追求有朝一日能够走向研发与设计、营销与服务两端。而在国际产业分工体系中，发达国家的企业往往占据着研发与设计、营销与服务的产业链高端位置；发展中国家的企业则被挤压在低利润区的生产与制造区间。

随着"互联网＋工业"时代的到来，制造业"微笑曲线"的理论基础发生了改变。在传统制造业"微笑曲线"理论的分工模式下，企业通过规模化生产、流程化管理提供低成本的标准化产品，获取竞争优势，企业的规模和实力发挥着决定性作用。而在"互联网＋工业"的模式下，企业、客户及各利益相关方通过互联网，广泛且有深度地参与价值创造、价值传递、价值实现等环节，客户得到个性化产品、定制化服务，企业获取利润。

"互联网＋工业"不仅将信息共享，还将广泛开展物理共享，从而形成新的价值创造和分享模式，开创全新的共享经济，带动大众创业和万众创新。

4.2.4 "互联网＋"重塑产品生命周期

1. 产品生命周期

产品生命周期理论是美国经济学家雷蒙德·弗农于1966年在其论文《产品周期中的国际投资与国际贸易》中首次提出的。他认为，受技术外溢问题的影响，每种产品都会经历一个在发达国家发明、出口、转移到不发达国家，再向发达国家出口几个阶段，从而构成贸易动态均衡模型。产品生命周期理论分析了产品技术的变化对贸易格局的影响，从动态的角度说明了贸易格局的变化。

产品生命周期可分为四个阶段：引入期、成长期、成熟期、衰退期，如图4.6所示。

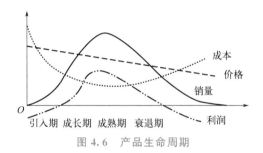

图 4.6 产品生命周期

【拓展图文】

2. 制造业服务化

工业化与信息化高度融合的集中体现形式之一是基于互联网的产品设计、制造、服务一体化。互联网、大数据、云计算、机器人、人工智能等信息技术的快速发展，实现了全球范围内的产品设计、制造、服务的异地协同，统一了数据传输、大数据计算、共享等服务的标准格式，提高了资源的配置效率，满足了用户大规模个性化定制的要求，使基于互联网的产品设计、制造、服务一体化成为制造业发展的必然趋势。

制造业服务化是实现创新发展的一种先进制造模式，是以制造为基础、以服务为导向，使制造业由提供"产品"转变为提供"产品＋服务"。从国际来看，制造业服务化成为引领制造业产业升级和提升竞争力的重要途径。通过产业链重组，逐渐将加工制造环节转移出去，从而集中人力、物力、财力开展产品设计、市场营销、品牌维护、客户管理和流程控制等，从制造企业转型为服务提供商。

我国制造业服务化水平普遍偏低。一方面，我国制造业大多处于产业链的加工组装环节，产品技术含量和附加价值较低，企业对生产性服务业需求不足，主要停留在批发零售、仓储物流等低端服务领域；另一方面，我国大部分制造企业都不具备足够的服务化转型能力，在价值链延伸、提供集成服务和整体解决方案、产品定制服务等方面仍存在不足，核心竞争力没有得到有效提高。

尽管如此，近年来，我国一些行业龙头企业在市场需求和政策推动下开展了富有成效的探索，制造业服务化呈现出积极的发展态势，在装备制造、通信设备、信息技术、汽车、智能设备等领域涌现出一批成功的案例。海尔集团、珠海格力集团有限公司、美的集团、中国中车集团有限公司、中联重科股份有限公司等都在不同方面、不同程度进行了制造业服务化。其中，中国中车集团有限公司（CRRC）为客户提供了智能运营和维护服务、产品生命周期服务、产品定制化解决方案、技术培训和支持、设备租赁服务等，不仅增强了客户的依赖度，还扩展了业务范围，提高了市场竞争力。中联重科股份有限公司则在远程监控和智能管理、预测性维护和故障诊断、设备租赁服务、产品生命周期服务、客户定制化解决方案、数据分析与优化服务、在线服务和技术支持等方面加快制造业服务化的步伐，逐步从传统制造企业转型为现代服务型企业。制造业服务化将价值链由以制造为中心向以服务为中心转变，在产品附加价值构成中，制造环节所占比重越来越低，而服务增值越来越高。制造业服务化促进了制造业在发展模式和产业形态上的根本性变革，为制造企业提供了更为广阔的生存发展空间。以汽车产业为例，在成熟阶段，单纯的汽车制造投资回报率一般不到 5%，而围绕汽车进行服务投资的回报率却高达 10%。与产品相比，服务的可模仿性更低，制造企业可以通过服务提升经营的差异化程度，提高顾客忠诚度和盈利能力。制造业服务化的发展模式如图 4.7 所示。

【拓展图文】

图 4.7　制造业服务化的发展模式

3. 基于"互联网＋"的服务化产品生命周期

（1）构建基于"互联网＋"的协同服务平台，支持异地数据共享和并行协同研制。

全球化的优势企业协作、虚拟企业、动态联盟是当今世界制造业的总体发展趋势。为全面实现异地多厂所并行协同的联合研制模式，需要建立基于"互联网＋"的协同工作平台，从而形成以产品为导向的开放式异地协同设计、制造、服务一体化，建立健康管理体系及在线的产品支持和客户服务系统，实现产品生命周期网络化、智能化、柔性化的综合保障。

（2）创新数字化设计技术，提升产品设计的效率和质量。

研究、开发和应用基于模型的定义（model based definition，MBD）、面向制造的设计（design for manufacturing，DFM）、区域化模块化设计、关联设计、产品架次精细化构型等先进的数字化设计技术，全面提升产品设计的效率和质量。

（3）建立健康管理体系，构建产品健康管理系统。

通过健康管理掌握每个产品的运行状况，排查健康隐患，进而统计并分析产品普遍存在的技术问题，通过设计反馈，为改进和优化设计提供依据，逐步建立健康管理体系。构建售后服务的软件物料清单（software bill of material，SBOM），为产品健康管理奠定基础，并通过传感器采集产品服役过程中的健康信息，对采集的故障信息、局部损伤和缺陷信息、疲劳寿命信息、功能和性能信息、维护维修信息等进行大数据分析处理，将健康信息与 SBOM 关联，自主开发健康管理系统，实现产品的健康信息导入、健康信息查询、健康趋势与故障预测、风险评估与预警、统计分析、报告生成等功能，并建立健康管理和产品支援服务数据中心，配置大容量、高性能计算机和海量存储系统。

（4）基于"互联网＋"的制造业与服务化融合发展。

在经济全球化、客户需求个性化和现代科学技术与互联网信息化快速发展的背景下，探索全新的商业模式和生产组织方式，逐渐形成制造业服务化的发展新模式与新业态。基于互联网、云计算、大数据、机器人与人工智能等技术的发展，面向产品生命周期管理，支撑企业生产全流程的科学决策和制造业的跨越式发展，实现制造业与服务化深度融合。

4.3　工业物联网

4.3.1　物联网的定义

物联网是指将传感器、移动终端、可编程控制器等智能化设备经通信网络联接集成，实现互联互通，并根据应用需求采集和分析数据，管理和控制设备的系统。

工业物联网是物联网技术在制造企业或智能工厂中的应用。它是指通过传感器技术、射频识别技术、图像视频技术、定位技术等感知技术，实时感知企业或工厂中需要监控、联接和互动的装备，并构建企业办公室的信息化系统，打通办公信息化系统与生产现场设备的直接联系。

工业物联网从下至上由三个层次（感知控制层、网络层和应用层）构成。生产指标由企业信息化系统通过网络层自动下达至机器的执行系统；生产结果由感知控制层自动采集并通过网络层上传至应用层（一般是企业信息化系统），在生产现场实现智能化的自动监控预警；还可在云制造平台上分析挖掘大数据，提高生产制造的智能化水平。

建设物联网是当今发展科学技术与适应应用需求而衍生的系统工程。物联网的应用领域日益广泛，已经在提高生产效率、保障生产安全、节能减排、保护生态和便捷生活等方面发挥作用。满足人类多种多样的需求是设计物联网的立足点，为人类提供多元化的服务是建设物联网的根本目的。

4.3.2　工业物联网的技术优势

物联网集成了射频识别、传感器、无线网络、中间件、云计算等新技术，其发展会极大地促进多行业的信息化进程，实现物与物、人与物的自动化信息交互与处理。工业物联网的技术优势可归纳为以下几点。

（1）产品智能化。

在产品中加入大量电子技术元素，实现产品功能的智能化。例如，在产品中植入射频识别芯片，可记录产品的静态信息，如出厂日期、编号、产品类型等；在产品中植入智能传感器，可记录设备运行数据，检测设备的运行状态，并通过网络传送至后台信息系统。

（2）实时售后服务。

通过无线网络获取全球范围内产品运行的状态信息，经后台信息化系统的分析、处理、反馈，实施在线售后服务，提高服务水平。

（3）过程监控与管理。

通过以太网或现场总线采集生产设备的运行状态数据，实施生产控制和设备维护，包括供需转换、工时统计、部件管理、产品质量在线监测和设备状况监测等。

（4）物流管理。

在工厂内外的物流设备中植入射频识别芯片，实现对物品位置、数量、交接的管理和控制，提高物流流通效率，对有特殊储藏要求的货品实施在线监测与防伪，实现信息在真实世界和虚拟世界之间的智能化流动。

4.3.3 工业物联网的应用

具有环境感知能力的终端、基于泛在技术的计算模式、移动通信等不断融入工业生产的各环节，大幅度提高制造效率、改善产品质量、降低产品成本和资源消耗，将传统工业提升到智能工业的阶段。从当前技术发展和应用前景来看，工业物联网的应用主要集中在以下几个方面。

（1）制造业供应链管理。

将物联网应用于企业原材料采购、库存、销售等领域，通过完善和优化供应链管理系统，提高供应链管理效率，降低成本。空中客车公司应用传感网络技术，构建了全球制造业中规模较大、效率较高的供应链管理系统。

（2）生产过程工艺优化。

工业物联网的应用提高了生产线过程检测、实时参数采集、生产设备监控、材料消耗监测的能力，以及生产过程的智能监控、智能控制、智能诊断、智能决策、智能维护水平。钢铁企业应用各种传感器和通信网络，在生产过程中实现了对加工产品的实时监控，提高了产品质量，优化了生产流程。

（3）产品设备监控管理。

传感网络技术与制造技术融合，实现了对产品设备操作使用记录、设备故障诊断的远程监控。通过传感器和网络对设备进行在线监测及实时监控，并提供设备维护和故障诊断的解决方案。

（4）环保监测及能源管理。

物联网与环保设备的融合实现了对工业生产过程中产生的各种污染及各环节关键指标治理的实时监控。在重点排污企业的排污口安装无线传感设备，不仅可以实时监测企业排污数据，而且可以远程关闭排污口，防止发生突发性环境污染事故。电信运营商已经开始推广基于物联网的污染治理实时监测解决方案。

（5）工业安全生产管理。

把传感器嵌入并装配到矿山设备、油气管道、矿工设备中，可以感知危险环境中工作人员、设备机器、周边环境的安全状态信息，将现有的网络监管平台提升为系统、开放、多元的综合网络监管平台，可以实现实时感知、准确辨识、快捷响应及有效控制。

4.3.4 工业物联网面临的关键技术问题

从整体来看，我国工业物联网还处于起步阶段，物联网在工业领域的大规模应用面临一些关键技术问题，概括起来主要有以下几个方面。

（1）工业用传感器。

工业用传感器是一种检测装置，能够测量或感知特定物体的状态和变化，并将其转换为可传输、可处理、可存储的电子信号或其他形式的信息，是实现工业自动检测和自动控制的重要装置。在现代工业生产，尤其是自动化生产过程中，使用各种传感器监视和控制生产过程中的每个参数，使设备在正常状态或最佳状态下工作，并使产品具有最好的质量。

（2）工业无线网络。

工业无线网络是一种由大量随机分布的、具有实时感知和自组织能力的传感器节点组成的网状网络，综合了传感器技术、嵌入式计算技术、现代网络及无线通信技术、分布式信息处理技术等，具有低耗自组、泛在协同、异构互连的特点。工业无线网络技术是降低工业测控系统成本、扩大工业测控系统应用范围的热点技术，也是未来工业自动化生产新的增长点。

（3）工业过程建模。

如果没有模型就不能实施先进有效的控制，传统的集中式、封闭式仿真系统结构已不能满足现代工业发展的需要。工业过程建模是系统设计、分析、仿真和先进控制的基础。包括工业集成服务代理总线技术、工业语义中间件平台技术等关键技术问题。

4.3.5 基于物联网的智能制造产业的发展趋势

物联网与智能制造技术结合，对智能制造产业的发展产生了深远影响。基于物联网的智能制造产业的发展趋势有以下几个方面。

（1）制造过程向全球化的协同创新发展。

企业逐渐实现跨国的产品开发、营销和服务，对信息系统提出了支持多语种、多工厂、多企业实体的开发与管理及全球协作开发的需求。许多企业将信息化技术综合集成，并广泛应用于研发、管理、财务运作、营销、服务等核心业务中，实现了产品研制、采购、销售等在全球范围内的协作，以及在全球范围对资源的优化配置。

（2）生产和研发向精益化的方向发展。

企业通过整合产品生产、服务反馈的数据，把物理世界与数字世界充分关联起来，构建一种企业级的产品数字化样机开发环境，使产品的质量与可靠性有了系统的保障。同时，高度的信息共享使企业可以通过优化业务流程和资源配置，强化运行细节管理和过程管理，追求持续改进，推动企业不断适应内外环境变化，提高核心竞争力和创造效益的能

力，从而达到精益管理，提高制造业的生产力。

（3）制造设计从高能耗向低能高效转变。

将物联网的应用与绿色、环保、节能、低碳经济的发展理念紧密结合，充分利用物联网技术实现更精细、更简单、更高效的管理，帮助企业创造更大的经济效益和社会效益，实现智能制造绿色设计和绿色制造的行业要求。

4.4 云计算与大数据

4.4.1 云计算的概念

云计算（cloud computing）由分布式计算、并行处理、网格计算发展而来，是一种新兴的商业计算模型。目前，云计算仍然缺乏普遍一致的定义。IBM 于 2007 年年底宣布云计算计划，在其技术白皮书中将云计算定义为用来同时描述一个系统平台或者一种类型的应用程序。一个云计算的平台按需进行动态部署（provision）、配置（configuration）、重新配置（reconfigure）及取消服务（de‑provision）等。云计算平台中的服务器可以是物理的服务器，也可以是虚拟的服务器。高级的云计算平台通常包含其他计算资源，如存储区域网络（storage area network，SAN）、网络设备、防火墙及其他安全设备等。在描述应用方面，云计算描述了一种可以通过互联网访问的可扩展的应用程序。任何用户都可以通过合适的互联网接入设备及一个标准的浏览器访问一个云计算应用程序。

云计算将互联网上的应用服务及在数据中心提供这些服务的软硬件设施进行统一管理和协同合作。云计算以服务的方式将与信息技术相关的能力提供给用户，允许用户在不了解提供服务的技术、没有相关知识及设备操作能力的情况下，通过互联网获取需要的服务。云计算具有高可靠性、高扩展性、高可用性、支持虚拟技术、成本低及服务多样的特点。

4.4.2 大数据的概念

大数据（big data）一般指数据体量特别大，数据类别特别多，无法用传统数据库工具抓取、管理和处理其内容的数据集。大数据具有以下五个主要技术特点，可以总结为"5V"特征。

（1）数据量（volume）大。计量单位从 TB 级别上升到 PB、EB、ZB、YB 及以上级别。

（2）数据类别（variety）大。数据来自多种数据源，数据种类和格式日渐丰富，既包含生产日志、图片、声音，又包含动画、视频、位置等信息，已经冲破了以前限定的结构化数据范畴，包含半结构化数据和非结构化数据。

（3）数据处理速度（velocity）高。在数据量非常庞大的情况下能够做到实时处理数据。

（4）价值密度（value）低。随着物联网的广泛应用，信息感知无处不在，信息海量，但存在大量不相关信息，需要对未来趋势与模式进行可预测分析，利用机器学习、人工智能等进行深度分析。

（5）数据真实性（veracity）高。随着社交数据、企业内容、交易与应用数据等新数据源的兴起，传统数据源的局限被打破，企业越来越需要有效的信息，以确保数据的真实性及安全性。

大数据是"工业4.0"时代的重要特征。目前，数字化、网络化和智能化等现代化制造与管理理念在工业界普及，工业自动化和信息化程度得到前所未有的提升。工业产品遍布全球各角落，这些产品从设计制造到使用维护再到回收利用，整个产品生命周期都涉及海量数据，这些数据就是工业大数据。

机器学习和数据挖掘是大数据的关键技术。机器学习的最初研究动机是使计算机系统具有人类的学习能力，以便实现人工智能。目前广泛采用的机器学习的定义是：利用经验来改善计算机系统自身的性能。事实上，由于"经验"在计算机系统中主要是以数据的形式存在的，因此机器学习需要设法分析数据，使它逐渐成为智能数据分析技术的创新源之一，并且受到越来越多的关注。通常将数据挖掘和知识发现相提并论，并在许多场合认为二者是可以相互替代的术语。对数据挖掘有多种文字不同但含义接近的定义，如"识别出海量数据中有效的、新颖的、潜在有用的、最终可理解的模式的非平凡过程"。顾名思义，数据挖掘就是试图从海量数据中找出有用的知识。数据挖掘可以视为机器学习和数据库的交叉，它主要利用机器学习提供的技术来分析和管理大数据。

本 章 小 结

（1）5G是指第五代移动通信技术。5G时代又称智慧互联时代。

（2）5G具有增强移动宽带、海量机器类通信和超高可靠、超低时延通信的特点。

（3）5G与传统制造企业的应用需求结合，可以催生物联网、工业自动化控制、物流追踪、工业AR、云化机器人等应用场景。

（4）互联网与工业融合是制造业科技革命的突出特征。

（5）"互联网＋"与智能制造："互联网＋"提升制造业地位；"互联网＋"重塑制造业价值链；"互联网＋"重构制造产业链；"互联网＋"重塑产品生命周期。

（6）物联网是指将传感器、移动终端、可编程控制器等智能化设备经通信网络联接集成，实现互联互通，并根据应用需求采集和分析数据，管理和控制设备的系统。

（7）云计算用来同时描述一个系统平台或者一种应用程序。一个云计算的平台按需进行动态部署（provision）、配置（configuration）、重新配置（reconfigure）及取消服务（de–provision）等。

（8）大数据（big data）一般指数据体量特别大，数据类别特别多，无法用传统数据库工具抓取、管理和处理其内容的数据集。大数据具有五个主要的技术特点，可以总结为"5V"特征。

思 考 题

1. 什么是 5G？
2. 5G 在智能制造中有哪些应用？
3. "互联网＋"改变了智能制造中的哪些环节？
4. 什么是产品生命周期？它有几个阶段？
5. 为什么制造业服务化是实现创新发展的一种先进制造模式？
6. 什么是工业物联网？它有哪些关键技术？
7. 什么是云计算？
8. 什么是大数据？

第**5**章
智能化：使制造真正智能

在机器视觉技术中，表面缺陷检测是一种通过自动识别技术，维持流水线上各种形状及尺寸的汽车零部件的自动化、智能化、高精度检测。机器视觉检测产品缺陷如图 5.1 所示，某工厂在钣金冲压产线下料侧，增加自动检测工位，对工件的表面缺陷进行检测。如果发现问题产品，设备就进行声光报警，以便人工复核。

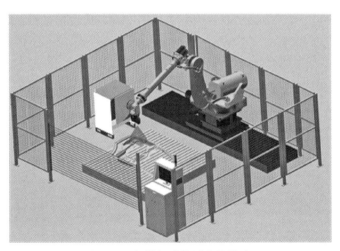

图 5.1 机器视觉检测产品缺陷

【拓展视频】

【拓展视频】

【拓展图文】

机器视觉检测有助于提高产品的整体产品质量和性能。人工智能可以用于产品制造质量评估，使用人工智能进行深入的质量测试，制造商可以确保高质量的产品及更快的上市时间。

你知道人工智能还可以用于哪些方面吗？

学习目标

1. 熟悉人工智能
2. 了解机器学习
3. 理解人工智能在机器学习中的应用
4. 掌握智能控制

智能制造的智能化是指提高自主决策水平，通过对生产过程中海量数据信息进行自主理解，学习沉淀并形成知识，最终由智能设备自主执行。制造业正处于由数字化、网联化向智能化发展的重要阶段，"制造业＋人工智能"应运而生。应用深度学习等人工智能技术，制造业未来有望实现自主智能决策。

5.1 人 工 智 能

人工智能被视为 21 世纪科技领域较前沿的技术，被公认为具有显著产业溢出效应的基础性技术，预期能够推动多个领域的变革和跨越式发展，甚至会对传统行业产生颠覆性的影响。

5.1.1 人工智能的三个层次

从技术层面来看，人工智能可以分为三个层次，分别是计算智能、感知智能、认知智能，如图 5.2 所示。

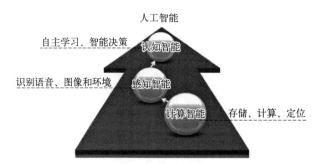

【拓展图文】

图 5.2 人工智能的三个层次

计算智能是指快速计算和存储的能力，是人工智能的第一层次，已经基本实现。1997 年 5 月 11 日，IBM 的超级计算机"深蓝"树立了一座里程碑。它战胜了当时的国际象棋世界冠军卡斯帕罗夫，证明了人工智能已经实现计算智能，而且在某些情况下有不弱于人脑的表现。

人工智能的第二层次是感知智能，主要包括机器视觉（看）、语音语义识别（听、说）等。在感知智能方面，最具代表性的研究项目是无人驾驶汽车，无人驾驶汽车使用各种传感器对周围环境进行处理，实现自动驾驶。

人工智能的第三层次是认知智能，主要包括机器学习、智能大脑等，这是更高级的、类似于人类的智能。

5.1.2 人工智能时代的制造业

将人工智能应用到制造业，在自动化、数字化、网络化的基础上实现智能化。其核心在于机器和系统实现自适应、自感知、自决策、自学习，以及能够自动反馈与调整。人工智能、工业互联网等相关技术的融合应用能逐步实现对制造业各环节的效率优化。其主要路径是由工业物联网采集生产、物流等数据，并将这些数据放到云计算资源中，通过深度学习算法处理后提供流程、工艺等方面的优化建议，甚至实现自主优化，以及在未来实现人类与智能机器融合的协同制造。

从应用层面来看，人工智能的应用包含计算智能、感知智能、认知智能三个层次的核心能力。工业机器人、智能手机、无人驾驶汽车、无人机等智能产品本身就是人工智能的载体，其硬件与各类软件结合就会具备感知、判断的能力，并实时与用户、环境互动。

例如，在制造业中应用广泛的各种智能机器人：分拣/拣选机器人能够自动识别并抓取不规则的物体；协作机器人能够理解并对周围环境作出反应；自动跟随物料小车能够通过人脸识别实现自动跟随；借助同步定位与地图构建（simultaneous localization and mapping，SLAM）技术，自主移动机器人可以利用自身携带的传感器识别未知环境中的特征标志，根据机器人与特征标志的相对位置和里程计的读数估计机器人及特征标志的全局坐标。无人驾驶技术在定位、环境感知、路径规划、行为决策与控制方面综合应用了多种人工智能技术与算法。

5.1.3 人工智能在制造业中的应用场景

目前制造业中应用的人工智能主要围绕智能语音交互、人脸识别、图像识别、图像搜索、声纹识别、文字识别、机器翻译、机器学习、大数据计算、数据可视化等。

1. 智能分拣

制造业中有许多需要分拣的作业，如果采用人工作业，则速度低、成本高、需要提供适宜的工作温度环境。如果采用工业机器人进行智能分拣，就可以大幅降低成本，加快分拣速度。

如图 5.3 所示，以机器人分拣零件为例。需要分拣的零件通常摆放凌乱，虽然机器人可以通过摄像头看到零件，但是不知道如何成功地拣起零件。在这种情况下，利用机器学习，先使机器人随机进行一次分拣动作，再告诉它这次动作是成功分拣到零件还是抓空了，经过多次训练之后，机器人就会知道按照什么顺序分拣成功率会更高；分拣时夹哪个位置会拣起成功率更高。经过几个小时的学习，机器人的分拣成功率可以达到90%，与熟练工人的水平相当。

2. 设备健康管理

人工智能基于对设备运行数据的实时监测，利用特征分析和机器学习，一方面可以在事故发生前预测设备故障，减少非计划性停机现象；另一方面，面对设备的突发故障，能够迅速进行故障诊断，分析定位故障原因并提供相应的解决方案。人工智能在制造业中的应用较为常见，特别是在化工、重型设备、五金加工、3C 制造、风电等领域。

【拓展图文】

图 5.3　机器人分拣零件

以数控机床为例，基于深度学习的刀具磨损状态预测如图 5.4 所示。用机器学习算法模型和智能传感器等技术手段监测加工过程中的切削刀、主轴和进给电动机的功率、电流、电压等信息，辨识刀具的受力、磨损、破损状态及机床加工的稳定性状态，并根据这

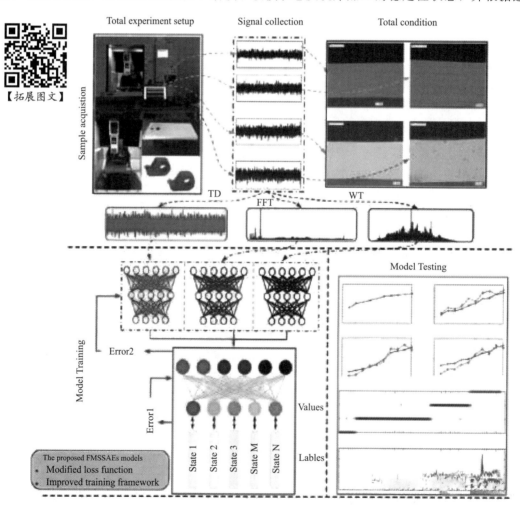

图 5.4　基于深度学习的刀具磨损状态预测

些状态实时调整加工参数（主轴转速、进给速度）和加工指令，预判换刀时机，以提高加工精度、缩短产线停工时间并提高设备运行的安全性。

3. 基于机器视觉的表面缺陷检测

基于机器视觉的表面缺陷检测在制造业中的应用常见。机器视觉可以在频繁变化的环境下以毫秒为单位快速识别产品表面更微小、更复杂的缺陷并进行分类，如检测产品表面是否有污染物、损伤、裂缝等。有些工业智能企业将深度学习与3D显微镜结合，将表面缺陷检测精度提高到纳米级。对于检测出的有缺陷的产品，系统可以自动进行可修复判定，并规划修复路径及方法，再由设备执行修复动作。

例如，PVC（聚氯乙烯）管材是常用的建筑材料，其消耗量巨大，在生产包装过程中容易存在表面划伤、凹坑、水纹、麻面等缺陷，需要消耗大量的人力进行检测。采用基于视觉的表面缺陷检测后，通过设定面积、尺寸的最小值和最大值，可以自动检测管材表面杂质，最小检测精度为 $0.15mm^2$，检出率大于99％；通过设定划伤长度、宽度的最小值和最大值，可以自动检测管材表面划伤，最小检测精度为 $0.06mm$，检出率大于99％；通过设定褶皱长度、宽度的最小值、最大值、片段长度和色差阈值，可以自动检测管材表面褶皱，最小检测精度为 $10mm$，检出率大于95％。

4. 基于声纹的产品质量检测与故障判断

利用声纹识别技术实现异常声音的自动检测，发现不良品，并与声纹数据库比对进行故障判断。例如，中国中车集团有限公司（简称中国中车，CRRC）在列车运行过程中安装了高灵敏度的音频采集设备，实时收集设备运转的声音数据，利用机器学习和深度学习算法，从采集的音频数据中提取特征，区分正常声音和异常声音。一旦检测到异常声音，系统会立即发出预警，并通过数据分析来确定可能的故障原因和位置，快速响应，减少设备故障对运营的影响。利用声纹识别技术实现异响声音的自动检测不仅提升了设备运行的可靠性，还为轨道交通行业的智能运营和维护提供了宝贵的经验和参考价值。

5. 智能决策

制造企业在产品质量、运营管理、能耗管理等方面，可以应用机器学习等人工智能技术，结合大数据分析，优化调度方式，提升企业决策能力。

例如，一汽解放汽车有限公司无锡柴油机厂的智能生产管理系统具有生产调度数据采集、基于决策树的异常原因诊断、基于回归分析的设备停机时间预测、基于机器学习的调度决策优化等功能。通过将历史调度决策过程数据和调度执行后的实际生产性能指标作为训练数据集，采用神经网络算法，对调度决策评价算法的参数进行调优，保证调度决策符合生产实际需求。

6. 数字孪生

数字孪生是客观事物在虚拟世界的镜像。数字孪生借助人工智能、机器学习和传感器数据建立一个可以实时更新的、现场感极强的"真实"模型，用来支撑物理产品生命周期各项活动的决策。在完成对数字孪生对象的降价建模方面，具有复杂性和非线性的模型可以放入神经网络，借助深度学习建立一个有限的目标，基于这个有限的目标进行降价建模。

例如，在传统模式下，一个冷热水管的出水口流体及热仿真用十六核处理器每次运算需要 57h，降价建模后每次运算只需几分钟。

7. 创成式设计

创成式设计是一个人机交互、自我创新的过程。工程师在进行产品设计时，在系统的指引下设置期望的参数及性能等约束条件（如材料、质量、体积等），并结合人工智能算法，即可根据设计者的意图自动生成成百上千种可行方案，然后自行进行综合对比，筛选出最优设计方案并推送给设计者进行最后的决策。

创成式设计与计算机和人工智能技术深度结合，将先进的算法和技术应用到设计中。应用广泛的创成式设计算法包括参数化系统、形状语法、L（Lindenmayer）系统、元胞自动机、拓扑优化算法、进化系统和遗传算法等。

8. 基于需求预测优化供应链

以人工智能为基础，建立精准的需求预测模型，实现企业的销量预测、维修备料预测，作出以需求为导向的决策。同时，通过对外部数据的分析，基于需求预测制定库存补货策略及供应商评估、零部件选型等。

例如，京东利用人工智能和大数据技术来进行需求预测。通过分析用户的历史购买行为、搜索记录、浏览习惯等数据，京东能够精准预测用户的购买需求。特别是在大型促销活动（如 6·18 购物节、"双 11"购物节）期间，京东的人工智能系统能够预测哪些商品会有高需求，从而优化库存配置和供应链管理。京东的智能供应链系统（JD Smart Logistics）通过人工智能技术可以实现仓储、配送的优化，实时监控库存情况，优化仓库布局和货物摆放位置，减少拣货时间。通过路径优化算法，京东的配送系统能够选择最优配送路线，降低运输成本，提高配送效率。

5.1.4 人工智能、机器学习与深度学习的关系

人工智能的应用场景可以划分为四类，如图 5.5 所示。人工智能是一个宏大的愿景，其目的是使机器像人类一样思考和行动，既包括增强人类脑力，又包括增强人类体力的研究领域。

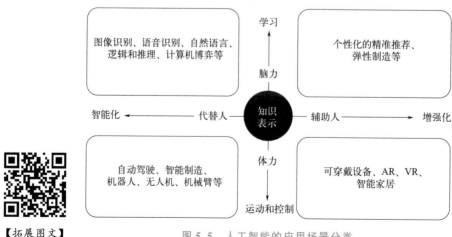

【拓展图文】

图 5.5 人工智能的应用场景分类

机器学习只是实现人工智能的手段之一, 并且只是增强人类脑力的方法之一。所以, 人工智能包含机器学习, 机器学习又包含深度学习, 这三者之间的关系如图 5.6 所示。

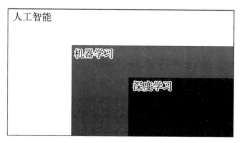

图 5.6 人工智能、机器学习与深度学习的关系 【拓展图文】

5.2 机器学习

5.2.1 机器学习与深度学习

机器学习(machine learning)是指使机器模拟人类的学习行为, 通过获取知识和技能不断对自身进行改进及完善。

机器学习是机器从经验中自动学习和改进的过程, 无须人工编写程序指定规则和逻辑。机器学习的目的是使机器从用户和输入数据处获得知识, 以便在实际生产、生活中自动作出判断和响应, 从而帮助人类解决更多的问题、减少错误、提高效率。

机器学习通常需要人工提取特征, 这一过程称为特征工程(feature engineering)。人工提取特征在部分应用场景中可以较容易地完成, 但是在一部分应用场景(如图像识别、语音识别等)中难以完成。所以, 希望机器能够从样本数据中自动地学习, 并发现样本数据中的"特征", 从而自动完成样本数据分类。机器学习与深度学习的区别与联系如图 5.7 所示。

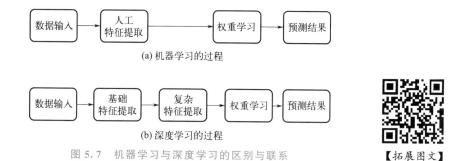

图 5.7 机器学习与深度学习的区别与联系 【拓展图文】

机器学习在人工智能的研究中具有十分重要的地位。一个不具有学习能力的智能系统难以称得上是一个真正的智能系统, 但是以往的智能系统普遍不具有学习能力。在这

种情形下，机器学习逐渐成为人工智能研究的核心。它的应用遍及人工智能的各分支，如专家系统、自动推理、自然语言理解、模式识别、计算机视觉、智能机器人等。其中典型的是在专家系统中的知识获取瓶颈问题，人们一直试图采用机器学习的方法加以克服。

深度学习（deep learning）是机器学习的一种，其主要特点是使用多层非线性处理单元进行特征提取和转换。每个连续的图层都使用前一层的输出作为输入。

从深度学习的定义中可以得知，深度学习是机器学习的子集。同时，与一般的机器学习不同，深度学习强调以下几点。

（1）强调模型结构的重要性。深度学习使用的深度神经网络（deep neural network，DNN）算法中通常有多个隐藏层，而不是传统的"浅层神经网络"，这也正是"深度学习"名称的由来。

（2）强调非线性处理。线性函数的特点是具备齐次性和可加性，因此线性函数的叠加仍然是线性函数。如果不采用非线性转换，多层神经网络就会退化成单层神经网络，最终导致学习能力降低。在深度学习中引入激活函数，可以实现对计算结果的非线性转换，避免多层神经网络退化成单层神经网络，极大地提高了学习能力。

（3）特征提取和特征转换。深度神经网络可以自动提取特征，将简单的特征组成复杂的特征，即通过逐层特征转换，将样本在原始空间的特征转换为更高维度空间的特征，从而使分类或预测更加容易。与人工提取复杂特征的方法相比，利用大数据学习特征能够更快速、更方便地刻画数据丰富的内在信息。

5.2.2 机器学习的发展

机器学习是继专家系统之后人工智能应用的又一重要研究领域，也是人工智能和神经计算的核心研究课题。机器学习是人工智能领域中较为年轻的分支，其发展过程可分为以下四个时期。

（1）20世纪50年代中期至60年代中期，称为热烈时期。

（2）20世纪60年代中期至70年代中期，称为冷静时期。

（3）20世纪70年代中期至80年代中期，称为复兴时期。

（4）1986年开始是机器学习的最新阶段。这个时期的机器学习具有以下特点：①机器学习成为新的边缘学科，并在高校成为一门独立课程；②机器学习融合各种学习方法，形式多样的集成学习系统研究兴起；③机器学习与人工智能各种基础问题的统一性观点形成；④各种学习方法的应用范围不断扩大，部分应用研究成果已转化为商品；⑤与机器学习有关的学术活动空前活跃。

5.2.3 学习系统

学习系统是指在一定程度上能够实现机器学习的系统。1973年，萨利斯给出学习系统的定义：如果一个系统能够从某个过程或环境的未知特征中学到相关信息，并且能将学到的信息用于未来的估计、分类、决策或控制，以便改进系统的性能，它就是学习系统。1977年，其他学者又给出了类似的定义：如果一个系统在与环境相互作用时，能利用过去与环境作用时得到的信息并提高其性能，那么这种系统就是学习系统。

学习系统通常应具有如下特征。

（1）目的性。学习系统必须知道学习的内容。

（2）结构性。学习系统必须具备适当的知识存储机构来记忆学习到的知识，能够修改和完善知识表示与知识的组织形式。

（3）有效性。学习系统学习到的知识应能受实践的检验，新知识必须对改善系统的行为起到有益的作用。

（4）开放性。学习系统的能力应在实际使用过程中，在不同环境进行信息交互的过程中不断改进。

5.2.4 机器学习：使产品思考

学习能力是智能行为的一个非常重要的特征，但至今尚不清楚学习的机理。一些人认为学习是系统所作的适应性变化，使系统在下一次完成相同或类似任务时更加有效；另一些人认为学习是构造或修改对经历事物的表示；而从事专家系统研制的人认为学习是知识的获取。这些观点各有侧重，第一种观点强调学习的外部行为效果，第二种观点强调学习的内部过程，第三种观点主要是从知识工程的实用性角度出发的。

机器学习的原理是根据生理学、认知科学等对人类学习机理的了解，建立人类学习过程的计算模型或认识模型，发展各种学习理论和学习方法，研究通用的学习算法并进行理论上的分析，建立面向任务的具有特定应用的学习系统。这些研究目标相互影响、相互促进。

5.3　人工智能在机器学习中的应用

5.3.1 阿尔法围棋——机器对人类的挑战

阿尔法围棋（AlphaGo）是一款围棋人工智能程序，由谷歌（Google）旗下 DeepMind 公司的戴密斯·哈萨比斯领衔的团队开发，其主要工作机理是深度学习。这个程序在 2016 年 3 月与围棋世界冠军、职业九段棋手李世石进行人机大战，并以 4∶1 的总比分获胜。很多职业围棋手认为，阿尔法围棋的棋力已经达到甚至超过围棋职业九段水平，在世界职业围棋排名中，其等级分曾经超过人类排名第一的棋手柯洁。

深度学习是指多层的人工神经网络和训练它的方法。一层神经网络把大量矩阵数字作为输入，通过非线性激活方法取权重，再产生另一个数据集合作为输出。这就像生物神经大脑的工作机理一样，通过合适的矩阵数量，多层组织链接在一起，形成神经网络大脑，从而进行精准、复杂的处理，就像人们识别物体标注图片一样。

阿尔法围棋主要包括如下四个程序。

（1）走棋网络（policy network）。给定当前局面，预测、采样下一步走棋。

（2）快速走子（fast rollout）。目标与上述程序相同，但在适当牺牲走棋质量的条件下，速度比上述程序高 1000 倍。

（3）估值网络（value network）。给定当前局面，估计是白棋胜还是黑棋胜。

（4）蒙特卡洛树搜索（Monte Carlo tree search）。把上述三个程序连起来，形成一个完整的系统。

阿尔法围棋通过两个不同的"大脑"合作来进行下棋。这些"大脑"是多层神经网络，与谷歌图片搜索引擎识别图片在结构上是相似的。它们从多层启发式二维过滤器开始处理围棋棋盘的定位，就像图片分类器网络处理图片一样。经过过滤，神经网络层对它们看到的局面进行判断、分类和逻辑推理。

神经网络层通过反复训练来检查结果，再校对调整参数，以使下次执行效果更好。因为这个处理器有大量随机性元素，所以人类不能精确地知道网络的"思考"方法，但更多的训练能使它进化得更好。

（1）第一个"大脑"：落子选择器（move picker）。

阿尔法围棋的第一个"大脑"是监督学习的策略网络，观察棋盘布局，企图找到最佳的下一步。事实上，它预测每个合法下一步的最佳概率，可以理解为落子选择器。

（2）第二个"大脑"：棋局评估器（position evaluator）。

阿尔法围棋的第二个"大脑"不是去猜下一步，而是预测每一个棋手赢棋的可能，再给定棋子位置。棋局评估器就是价值网络，通过判断整体局面来辅助落子选择器，这个判断对提高阅读速度很有帮助。阿尔法围棋能将未来局面的"好"与"坏"进行分类，从而决定是否通过特殊变种去深入阅读。如果棋局评估器判断这个特殊变种不行，则跳过深入阅读。

人类面对机器不能自大。以往顶尖棋手认为机器不可能具有围棋选手的灵感和创造力，但事实上机器已经做到了。以现在的技术来看，在一些重复性的脑力劳动方面，机器已经具有比人类更强的能力。

人类需要思考两个问题：第一，如何与机器为伴？机器能够帮助人类做一些服务，完成简单的体力、脑力劳动，使人类可以解放出来做更高级的事情，这是未来一定会发生的事情，也是在"互联网＋"的大体系里需要努力推动的方向。阿尔法围棋的胜利会激发人类对人工智能的信心，推动这项技术的发展和应用。第二，如果机器比人类更聪明，就需要重新反思人类和机器的关系，极端来讲，甚至人类制造的机器在未来会取代人类，这或许也是人类一个整体的进化。

有三类人会从这件事情中有不同收获：第一类人是围棋职业选手，他们受到极大的震撼；第二类人是程序员、工程师等技术人员，他们发现自己有更大的舞台；第三类人是普通人，以一种重新审视的角度看到更多新的发展机会。

谷歌相信人工智能会变成人类的一种服务，DeepMind团队也是以提升人工智能为使命进行工作的，这与IBM"深蓝"的出发点和路径不同。

《自然》杂志刊登了相关文章。如果单是一台机器下围棋这样一件局部的事不足以在《自然》杂志上刊登，这不是大发明。但是《自然》杂志认可这样的技术，不仅针对下围棋，而且本身代表了人工智能提升到一个新的层次，具有广泛的服务能力。因此，我们认为这次对弈将成为一个历史性事件。

对我国来讲，我们要更加重视互联网背后前沿技术的研发能力，重视对尖端技术的研发投入。我们在发展互联网时，不能忘了背后的源动力。

5.3.2　人类与机器的对话：ChatGPT 如何理解世界

对话式人工智能是人工智能的一个分支，专注于创建能够与人类进行自然语言对话的计算机程序。自 20 世纪 60 年代这项技术诞生以来，已经取得了长足进步，如今已成为我们日常生活中许多应用程序和设备的重要组成部分。

ChatGPT 是一种强大的人工智能语言模型，在自然语言处理任务中表现出色，引起了广泛关注。上下文是人类沟通中的关键元素，可以帮助我们根据情况和可用信息理解及解释单词、短语的含义。在自然语言处理中，上下文同样重要，并且在 ChatGPT 等语言模型的成功中发挥关键作用。

ChatGPT 的核心是一个机器学习模型，已经在大量文本数据上进行了训练，故其能够生成既流畅又有丰富语义的自然语言。然而，理解生成语言的上下文环境对确保语言的相关性和适当性至关重要。

ChatGPT 将上下文融入其语言生成有两种方式：一种方式是通过使用注意力机制。注意力机制允许模型专注于输入文本的特定部分，使其更好地理解文本中单词与短语的关系，反过来使模型生成更具上下文相关性和意义的语言。另一种方式是通过使用上下文嵌入。上下文嵌入是一种考虑模型中表示单词时周围单词和短语的类型的词嵌入，使模型根据上下文理解单词的不同含义和细微差别，从而生成更精确的语言。

在特定应用（如聊天机器人或问答系统）中，上下文对使用 ChatGPT 至关重要。模型需要能够理解用户查询的上下文，并生成既相关又准确的响应。为此，ChatGPT 依赖一系列技术和策略，包括注意力机制、上下文嵌入和实体识别。

实体识别是自然语言处理中用于识别和分类文本中命名实体（如人物、地点和组织）的技术。通过识别用户查询或输入文本中的命名实体，ChatGPT 能够更好地理解语言的上下文，并生成更相关和准确的响应。

在理解语言的情感和语气方面，上下文也很重要。ChatGPT 已经在大量文本数据上进行了训练，包括各种写作风格和语气，能够生成反映输入文本情感和语气的语言。这在情感分析等应用中特别有用，其中模型用于分析大量文本数据以理解特定主题或主题的整体情感和情绪。

虽然 ChatGPT 有许多优点，但是它并不完美，它在理解和生成语言上存在一些限制。例如，它可能难以理解特定于某个地区或群体的某些文化或习语表达。此外，它有时可能生成不当的语言，特别是当它在反映社会偏见或不平等的文本数据上进行训练时。

为了解决这些挑战，研究人员努力开发新的技术和方法（包括开发更复杂的注意力机制，完善用于训练模型的训练数据，并结合更先进的自然语言理解形式，如情感分析和情绪识别），以帮助 ChatGPT 和其他语言模型更好地理解及生成上下文。

总的来说，自然语言处理中的语境力量是不可否认的，它将继续在人工智能和自然语言处理的演变中发挥关键作用。随着 ChatGPT 等语言模型不断改进和演化，我们可以期待它们在理解及生成各种上下文和情景中的自然语言方面变得更加复杂。

虽然最初 ChatGPT 是为研究目的开发的，但它很快在各行各业中得到了应用。Chat-GPT 广泛应用于聊天机器人和虚拟助手领域。由 ChatGPT 驱动的聊天机器人可用于提供

客户服务，回答常见问题，甚至与用户进行复杂的对话。例如，有些公司正在使用由 ChatGPT 驱动的聊天机器人帮助客户购物或计划下一次度假。

ChatGPT 还广泛应用于内容创作领域。由人工智能生成的内容可用于自动化摘要、翻译，甚至创意写作等任务。例如，有些新闻机构正在使用 ChatGPT 自动生成新闻摘要，还有些人使用它为个体用户创建个性化的新闻推荐。

在医疗保健领域，ChatGPT 用于分析医疗记录并确定潜在的诊断或治疗选择，或帮助患者更好地理解其医疗状况和治疗选择。ChatGPT 还可以用于分析大量医疗数据，以帮助研究人员开发新的治疗方法或确定疗法的趋势或模式。

在金融领域，ChatGPT 用于分析金融数据并预测股票价格或市场趋势。例如，有些对冲基金使用 ChatGPT 分析新闻和社交媒体数据，以作出更明智的投资决策。

在教育领域，ChatGPT 用于参与创建互动课程内容或测验，以及根据个体学生表现提供个性化反馈和建议。有些学校甚至使用由 ChatGPT 驱动的聊天机器人回答学生问题，并在传统课堂之外提供教学支持。

在创意产业领域，由人工智能生成的艺术、音乐甚至时尚设计正变得越来越普遍，而 ChatGPT 正处于这一趋势的前沿。例如，有些时尚设计师使用 ChatGPT 生成新的服装设计，还有些人使用它创建虚拟时装秀或为个体客户提供个性化的时尚推荐。

虽然 ChatGPT 仍然是一项较新的技术，但其潜在应用领域广泛且多样化。随着技术的不断改进，我们可能会在未来几年看到 ChatGPT 的更多创新和创意用途。无论是在客户服务、内容创作领域，还是在医疗保健、金融、教育、创意产业领域，ChatGPT 都有望彻底改变我们与技术互动的方式。

5.4 智能控制

5.4.1 智能控制的概念及发展

1. 智能控制的提出

近年来，随着航天航空、机器人、高精度加工等技术的发展，一方面系统的复杂度越来越高；另一方面对控制的要求日趋多样化和精确化，原有控制理论难以解决复杂系统的控制问题，尤其是面对具有模型不确定、非线性程度高、任务要求极为复杂的被控对象时，传统控制方法往往难以奏效。

CPU（中央处理器）、GPU（图形处理单元）、FPGA（现场可编程门阵列）等硬件平台的发展极大地提高了智能计算和数据处理能力，进一步推动了智能控制的应用和进步。智能控制示意图如图 5.8 所示。

2. 智能控制的概念

智能控制是一门新兴学科，正处于发展阶段，尚无统一定义，存在多种描述形式。1971 年，模式识别专家傅京孙教授首先提出智能控制是人工智能与自动控制的交叉，即

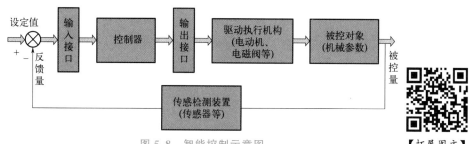

图 5.8 智能控制示意图

【拓展图文】

二元论。美国学者萨里迪斯（Saridis）于 1977 年在其基础上引入运筹学，提出了三元论的智能控制概念，如图 5.9(a) 所示。三元论除人工智能与控制外，还强调在更高层次控制中规划、调度和管理的作用（运筹学），为递阶智能控制提供了理论依据。1987 年，中国学者蔡自兴提出四元论，即智能控制是人工智能、控制论、信息论和运筹学四个学科的交集，如图 5.9(b) 所示。与三元论相比，四元论进一步明确了信息论在智能控制学科中的作用，包括：①信息论是解释知识和智能的一种手段；②控制论与信息论存在紧密的相互作用；③信息论已成为控制智能机器的工具；④信息论中的信息熵成为智能控制的测度；⑤信息论参与智能控制的全过程，并对执行级起到核心作用。

【拓展图文】

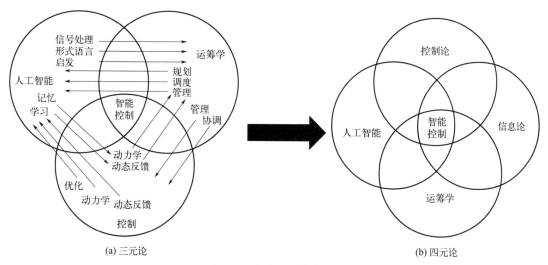

图 5.9 智能控制的概念

智能控制就是设计一个控制器（或系统），使之具有学习、抽象、推理、决策等功能，并能根据环境（包括被控对象或被控过程）信息的变化作出适应性反应，实现人类需要完成的任务。

根据电气与电子工程师协会（IEEE）给出的定义，智能控制必须具有模拟人类学习和自适应的能力。一般来说，一个智能控制系统要具有对环境的敏感力及进行决策和控制的功能，根据性能要求的不同，其可以有各种人工智能的水平。

5.4.2 智能控制的研究方法

对控制科学的研究不断由简单向高级方向进展，如图 5.10 所示。智能控制的研究方法实际上是各种方法的集成，如模糊控制、神经控制、专家控制、递阶控制、学习控制、仿人智能控制，如图 5.11 所示。

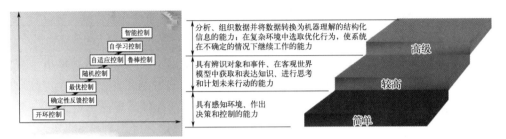

图 5.10 控制科学的研究进展

【拓展图文】

【拓展图文】

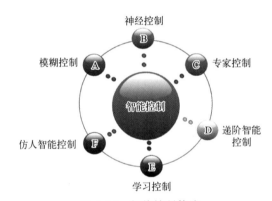

图 5.11 智能控制算法

这些研究方法的研究工具主要依赖以下方面。

（1）符号推理与数值计算的结合。

例如，专家控制的上层是专家系统，采用人工智能中的符号推理方法；专家控制的下层是传统意义中的控制系统，采用数值计算方法。

（2）模糊集理论。

模糊集理论是模糊控制的基础，其核心是采用模糊规则进行逻辑推理，其逻辑取值可在 0～1 连续变化，其处理方法基于数值，而不基于符号。

（3）神经元网络理论。

神经元网络理论通过许多简单的关系实现复杂的函数，其本质是一个非线性动力学系统，但它不依赖于数学模型，而是一种介于逻辑推理与数值计算之间的工具和方法。

（4）遗传算法。

遗传算法根据适者生存、优胜劣汰等自然进化规则进行搜索计算和问题求解。对许多传统数学难以解决或明显失效的复杂问题，特别是优化问题，遗传算法提供了一个有效的途径。

（5）离散事件与连续时间系统的结合。

以计算机集成制造系统为例，上层任务的分配和调度、零件的加工和传输等可用离散事件系统理论进行分析和设计；下层的控制（如机床及机器人的控制）采用常规的连续时间系统理论。

5.4.3　智能控制的主要控制形式

1. 反馈控制

在常规的自动控制系统中，最基本的控制系统是简单的反馈控制系统。在这种反馈控制系统中，测量元件测量被控对象的被控参数（如温度、压力、流量、转速、位移等），变送单元将被测参数转换为一定形式的信号并反馈给控制装置，比较变送单元反馈的信号与给定信号，如果有误差，控制装置就会产生控制信号驱动执行机构工作，使被控参数的值与给定值一致。由于被控变量是控制系统的输出量，被控变量的变化值又反馈到控制系统的输入端，与作为系统输入量的给定值相减，因此称为闭环负反馈控制系统，它是自动控制的基本形式。

由计算机直接对过程进行控制是实现直接数字控制的有效方法。在直接数字控制系统中，计算机不仅能完全取代模拟式 PID 控制器实现多回路 PID 分时控制，而且无须改变硬件，只要改变算法程序就能有效实现较为复杂的控制算法。直接数字控制系统通常是分级分布式控制系统底层的现场生产控制机，它是向现代最优化控制发展的阶梯之一。

2. 直接数字控制

在直接数字控制系统中，所有信号处理、显示和控制功能都由一台计算机采用数字方式完成。由于直接数字控制系统的计算机必须执行多种功能（多路切换器输入输出扫描、输入信号预处理、数据库的生成、控制算法的执行、工艺及报警画面显示、报表制作、记录和过程优化），因此，对中央处理器的速度和存储器的要求很高。

中央处理器需要支持后台软件系统，如编译程序、文件系统、文本编辑、数据库建立，以及向系统程序员提供多种实用程序。计算机还必须为它的外部设备（如打印机、控制台和外部存储设备等）服务。虽然其他计算机也对中央处理器有上述各种要求，但直接数字控制系统对其要求是全面且大量的。由于直接数字控制系统需要几乎全部组件来维持对过程的控制，因此任何单个组件的故障都会引起系统失控，导致系统的可靠性和性能下降。系统的复杂性使故障的修理工作比常规控制系统困难得多。

3. 最优化控制

随着计算机控制及自动控制理论的发展，自动化程度、控制规律及控制品质均得到很大发展。许多过去难以控制的对象，现在相应的控制方法也有针对性地产生了。下面介绍最优化控制。

最优化控制是指在制造过程客观允许的范围内，力求获得制造过程最好的产品质量和最高产量且能耗最低的一种控制方法。它的范围可以是一个参数、机组，也可以是一个工段、车间和工厂。最优化控制有静态最优化控制和动态最优化控制两种。下面仅介绍动态

最优化控制的几种方法。

（1）线性规划。

线性规划研究的问题基本上有两类：一类是在已知原材料及客观限制条件的前提下研究完成最多工作的方法，或使产品达到最好的质量；另一类是根据客观条件，研究利用最少的能源消耗及最少的原料完成预先计划好的任务的方法。线性规划不能直接求解非线性问题，但可通过分段线性规划的方法求解。

虽然动态规划和线性规划名称相似，但两种方法并不相同。动态规划属于动态最优化控制。因贝尔曼建立的动态规划基本上是多级决策过程最优化的一种方法，故又称多级决策方法。因为大多数制造过程的单元都是前后相连的，所以动态规划在制造业颇受重视。动态规划对这些单元的最优化控制是将高维最优化问题简化为一系列低维最优化问题来处理的。

动态规划的基本方法是利用递推关系得出数值解。用动态规划求解一个多单元的实际问题时，由于求数值解的计算次数太多，很烦琐，因此要采用解析逼近法，以便在某种程度上减少计算次数。随着新一代计算机的出现，动态规划得到了更广泛的应用。

（2）多变量搜索法（登山法）。

线性规划和动态规划的原理都是在有限条件下求最大值或最小值的目标函数，而且在绝大多数情况下都能得到确定的解答。多变量搜索法的原理是经过多次反复计算，得到一个近似的答案。所谓登山法，其实是一种形象的说法，正如一个人站在山腰试图爬到顶峰，如何爬才能最快到达山顶呢？显然，要到达山顶，首先必须确定山顶的方向，其次必须选择路线，以最短的路线爬到顶峰。

多变量搜索法可分为梯度法和模型搜索法。梯度法是根据梯度确定搜索方向的，模型搜索法是在若干个选定的方向上寻找改进试验步骤的。

4. 自适应控制

由于自适应控制研究涉及的知识领域较广，从事该理论研究的学者很多，加之其本身不断地发展完善，因此其定义及分类有很多种，下面选择两个被广泛认可的类型来介绍。

自适应控制系统能利用可调系统的输入量、输出量或状态变量度量某个性能指标。根据测得性能指标与给定性能指标的差异，自适应机构调整可调系统的参数或综合一个辅助的控制信号，使系统的性能指标接近给定指标。这里可调系统可理解为能通过调整其控制信号来调节性能的、包含被控对象的系统。这个定义适用于模型参考自适应控制系统。

自适应控制系统必须能够提供被控对象当前状态的连续信息，也就是能辨识对象。它必须将当前系统性能与期望的或者最优的性能进行比较，得出系统趋向最优的决策或控制。这个定义适用于自校正控制系统。以上定义中涉及自适应控制系统的三大要素：对象信息的在线积累、综合有效控制量的可调控制器、对性能指标实行闭环控制。

图 5.12 所示为模型参考自适应控制系统，它由参考模型、被控对象、反馈控制器和自适应规律四部分组成。参考模型是在已知系统输入的前提下为达到理想输出而设计的过程模型；自适应规律是为使系统的实际输出趋近理想输出而设计的算法，这一算法要求在系统参数未知或变化时靠偏差调节系统的反馈控制器（或直接给出辅助控制量），以尽可能减小偏差 $e(t)$。

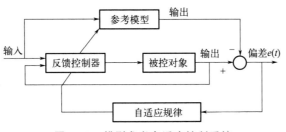

【拓展图文】

图 5.12　模型参考自适应控制系统

设计模型参考自适应控制系统的核心问题是设计自适应规律。自适应规律的设计有两类方法：一种是参数最优化，即利用最优技术搜索一组控制器参数，使某个预定的性能指标（如 $J = \int e(2)(t)\mathrm{d}t$ ）达到最小值；另一种是基于稳定理论的方法，其基本思想是保证反馈控制器参数的自适应调整过程是稳定的，然后使这个过程尽可能快速收敛。由于自适应控制系统的本质一般都是非线性的，因此这种自适应规律的设计采用非线性系统的稳定理论。李雅普诺夫稳定性理论和波波夫超稳定理论都是设计自适应控制系统的有效工具。

图 5.13 所示为对被控对象模型参数进行在线辨识的自校正控制系统，它由被控对象、辨识器、控制器组成。辨识器对被控对象的参数、状态变量进行在线辨识、估计并传输给控制器，使预先指定的性能指标达到并保持最优或近似最优，以适应不断变化的系统和环境。

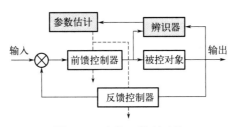

【拓展图文】

图 5.13　自校正控制系统

自校正控制系统将辨识与控制分开，辨识采用卡尔曼滤波法、最小二乘法、最大似然法、辅助变量法；控制采用极点配置、最小方差控制和无振荡控制算法。不同的辨识与控制方法的结合可以组成不同的自适应控制方案。

5.4.4　智能控制的应用案例

智能起重机可根据工艺设置自动完成起重机的移动、搬运等动作，不仅具备可编程、故障诊断、人机界面、自动控制、远程管理等功能，而且具备感知、规划、执行、协作、学习、数据与信息管理等智能功能。

智能起重机的防摇控制系统如图 5.14 所示，其可根据起重机的运行状态来控制起重机的大车、小车加速与减速，实现负载防摇。打开防摇控制系统后，起重机在任何操作状况下均能保证重物平稳转运，避免被吊重物与车间其他设备碰撞，提高生产效率和安全性。

图 5.14　智能起重机的防摇控制系统

　　如图 5.15 所示，智能起重机的防摇控制利用钟摆原理，通过修改传给电气控制系统的速度命令信号而连续限制摆动，即先通过检查吊钩的起升高度来计算摆动的角度，再通过给定的加速度和减速度来抵消摆角。

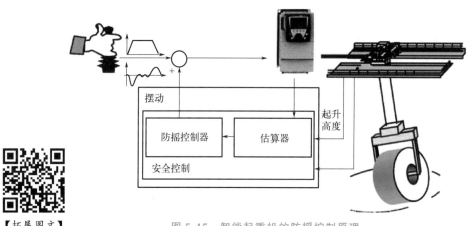

图 5.15　智能起重机的防摇控制原理

本 章 小 结

　　（1）智能制造的智能化是指提高自主决策水平，通过对生产过程中海量数据信息进行自主理解，学习沉淀并形成知识，最终由智能设备自主执行。

　　（2）从技术层面来看，人工智能可以分为三个层次，分别是计算智能、感知智能、认知智能。

　　（3）目前制造业中应用的人工智能主要围绕智能语音交互、人脸识别、图像识别、图像搜索、声纹识别、文字识别、机器翻译、机器学习、大数据计算、数据可视化等。

　　（4）人工智能包含机器学习，机器学习又包含深度学习。

（5）机器学习是指使机器能够模拟人类的学习行为，通过获取知识、技能不断对自身进行改进和完善。

（6）深度学习是机器学习的一种，它是机器学习的子集，主要特点是使用多层非线性处理单元提取和转换特征。

（7）智能控制就是设计一个控制器（或系统），使之具有学习、抽象、推理、决策等功能，并能根据环境（包括被控对象或被控过程）信息的变化作出适应性反应，从而实现人类需要完成的任务。

（8）智能控制的研究方法实际上是各种方法的综合集成，如模糊控制、神经控制、专家控制、递阶控制、学习控制、仿人智能控制等。

（9）智能控制的主要控制形式有反馈控制、直接数字控制、最优化控制和自适应控制等。

思　考　题

1. 人工智能有哪几个层次？
2. 人工智能、机器学习、深度学习有哪些联系与区别？
3. 什么是机器学习？什么是深度学习？
4. 举例说明人工智能在智能制造中的应用场景。
5. 什么是智能控制？
6. 智能控制有哪些研究方法？

第**6**章

工业机器人：
智能制造的主力军

案例引入

汽车工业已经使用工业机器人 60 余年，自通用汽车公司在 1961 年首次采用工业机器人 Unimate 以来，工业机器人的应用取得了令人难以置信的进步。在汽车工业中，很少有工业机器人不能完成的体力工作。工业机器人技术提供了一种加速生产、降低成本和保护工人免受工业伤害的方法。那么，工业机器人是如何工作的？它们的组成部分及其功能分别是什么？下面我们将深入了解工业机器人。

学习目标

1. 熟悉工业机器人
2. 掌握工业机器人的系统
3. 了解工业机器人的现状及核心技术
4. 了解工业机器人在智能制造中的应用

6.1 工业机器人

【拓展视频】

工业机器人是智能制造领域中的重要设备，也是集机械、电子、控制、计算机、传感器及人工智能等先进技术于一体的现代制造业中的自动化装备。广泛使用工业机器人不仅可以提高产品的质量与产量，而且对保障人身安全、改善劳动环境、减轻劳动强度、提高劳动生产率、节约原材料消耗及降低生产成本有十分重要的意义。

6.1.1　工业机器人的概念

工业机器人是一种自动化生产设备，在自动生产线上的加工、装配及搬运等环节中有广泛的应用。工业机器人涉及机械技术、控制技术、计算机技术、传感技术、人工智能等的综合技术运用，是典型的高科技机电一体化设备。

由于机器人技术发展很快，其外形、结构、功能、作用、工作适应环境及智能化水平也发展很快，特别是涉及难以统一的哲学问题，目前机器人还没有一个统一的、严谨的、精准的定义。工业机器人是机器人家族中的重要一员，也是在技术发展较快、较成熟、应用较广的一类机器人。虽然世界各国对工业机器人的定义不尽相同，但总体含义基本相似。下面对工业机器人的定义作简要说明。

美国机器人协会（RIA）给出的工业机器人定义：工业机器人是一种可编程的、多功能的操作机，通过可变的编程移动材料、零件、工具或专用装置，以完成各种任务。

日本机器人协会（JARA）给出的工业机器人定义：工业机器人是一种装备有记忆装置和末端执行器的通用机器，它能够完成各种移动来代替人类劳动。

德国工程师协会（VDI）给出的工业机器人定义：工业机器人是具有多自由度的、能进行各种动作的自动机器，它的动作是可以顺序控制的，可以完成材料搬运和制造等操作。

我国国家标准 GB/T 12643—2013《机器人与机器人装备　词汇》给出的工业机器人定义：工业机器人是自动控制的、可重复编程、多用途的操作机，可对三个或三个以上轴进行编程。

工业机器人在智能制造领域有非常广泛的应用。在现代企业中，工业机器人已经成为重要的机械制造设备。

6.1.2　工业机器人的发展历程

工业机器人的发展历程大致分为以下三个阶段。

1. 第一代工业机器人

第一代工业机器人也称示教再现机器人。它是通过一台计算机控制一个多自由度的机电一体化系统，通过示教存储程序和信息对机器人发出工作指令，机器人可以按照指令重复原来的示教结果，再现示教动作。例如，点焊示教再现机器人，只要把点焊的过程示教后，该机器人就会重复这一动作，对外界的环境没有感知。至于操作力、工件是否存在、焊接质量，该机器人并不知道，也不能自行调整，只会按照事前的示教程序工作，这是第一代工业机器人的特点。但是，通过改变示教程序，其可再现对应的工作要求。所以，很多批量生产的自动化生产线中仍然大量使用第一代工业机器人。

2. 第二代工业机器人

第一代工业机器人只能按照已知的既定程序被动地从事重复性工作。20世纪70年代后期，人们开始研究第二代工业机器人。第二代工业机器人是具有感觉系统的机器人，可以模仿人类的某种感觉，更加接近仿生机器人。当它想要抓住一个物体时，能够通过视觉

识别物体的位置、形状、尺寸、颜色等；当它抓住物体时，能感觉抓取力，如抓取一个鸡蛋，它可通过触觉系统感知力的大小和滑动情况。第二代工业机器人的发展很快，是目前重点研究对象。

3. 第三代工业机器人

第三代工业机器人是在第二代工业机器人的基础上发展起来的高级理想机器人，也是当前机器人发展的最高境界，又称智能工业机器人。只要告诉它做什么，而不用告诉它如何做，它就能完成任务。智能工业机器人应具有思维感知系统和人机通信系统的功能，但真正的智能工业机器人实际上还处于起步阶段。随着科学技术的不断发展和多学科知识的交叉与融合，智能的概念越来越丰富、内涵越来越宽广，智能工业机器人会有更加广阔的应用前景。

智能工业机器人的特点是具有人工智能。根据对人工智能的理解，人工智能可分为三个学派：逻辑符号派、行为主义派和神经网络派。

（1）逻辑符号派。

逻辑符号派是根据人类对自己和世界的认识，先抽象出智能算法，再将其数字化，在计算机中模拟出一个世界。也就是说，用人类的逻辑教机器做事。例如，1997年战胜国际象棋冠军卡斯帕罗夫的计算机"深蓝"搜集了成千上万的招式，储存了许多棋谱，下棋时通过分析对手决策出正确的招式。逻辑符号派企图通过模拟和编程创造出智能机器人，许多科学家绞尽脑汁开发专家系统，但随着研究的深入，他们发现人类的思维非常复杂，并且大多数人都不相信机器人可以达到人类的智力水平，于是行为主义应运而生。

（2）行为主义派。

行为主义派要研究出能做事的机器人，而不是具有高度智能化的机器人。在现实生活中，工业机器人大多从事劳动密集型的工作，不需要太高的智能化。人类的思维是内在的，真正发生的只有行为。所以一切从实践出发，把行为作为分析的基础，在劳动中获得智能。在行为主义派的努力下，许多优秀的简易智能机器人诞生了。例如，博智林的建筑机器人通过综合运用不同类型的执行机构，融合多种定位导航及避障技术、网络通信方式及动力源等，以适应不同的施工工艺和环境。这些建筑机器人主要由运动底盘、工艺上装机构、定位导航、动力驱动、调度及控制单元五大部分组成。通过深入研究材料特性、工艺参数、环境因素及人体施工模型，运用人工智能及其他先进的检测手段，建筑机器人可以较为完整地实现施工工艺的数字化，从而达到最佳的施工质量。

（3）神经网络派。

神经网络派兴起较晚，其理论基础源于生命科学。神经网络派对人类的神经系统有很深入的研究，如通过模仿人类神经元的运动方式研究出来的神经网络算法，而后又研究出遗传算法、蚁群算法等。另外，神经网络派致力于建立人类与机器的联系渠道。Walker X是中国企业制造的一款大型仿人服务机器人，不仅能根据语音指令做出动作，还具备类似人类的初步感知能力。例如，当接收到人类发出的从冰箱拿饮料的指令后，Walker X会走到冰箱面前，通过感知规划自行打开冰箱门，取出饮料后还会自动关闭冰箱门。神经网络的发展前景巨大；但相关技术仍不成熟，有待进一步发展。

6.1.3 工业机器人的组成

工业机器人（图 6.1）一般由操作机、驱动器和控制系统三大部分组成。

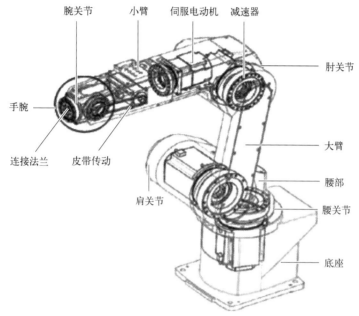

图 6.1 工业机器人

（1）操作机。

操作机也称机械系统，它是工业机器人的主体或主机，包括底座、机械臂、腕关节及末端执行器等。

（2）驱动器。

驱动器也称伺服系统，它是为工业机器人各运动构件提供驱动力的装置，一般由伺服电动机或液压驱动。工业机器人主体中的各关节的运动就是靠关节伺服电动机驱动的。

（3）控制系统。

控制系统利用计算机控制各驱动器按既定的动作实现末端执行器的准确运动。

6.1.4 工业机器人的分类

关于机器人的分类方法，国际上没有统一的标准，但大多数专家倾向于把机器人分为作业机器人、服务机器人、军事机器人、仿生机器人及在特殊环境下工作的机器人。

作业机器人主要是指工业机器人、林业机器人、农业机器人、施工机器人及医疗机器人等。

服务机器人主要是指服务于人类生活的机器人，如清洁机器人、娱乐机器人、保姆机器人及在各类公共场所为顾客提供服务的机器人等。

军事机器人主要是指排雷与爆破机器人、战斗机器人、侦察机器人及与军事行动相关

的机器人等。

仿生机器人主要是指模仿自然界生物组成与运动特性的机器人，如模仿鸟类和昆虫类在空中飞行的飞行机器人、模仿鱼类在水中游动的水下机器人及模仿动物在陆地步行或爬行的机器人等。

特殊环境下工作的机器人主要是指在外太空、深海、电磁环境及核环境下工作的机器人等。

本书主要介绍作业机器人类型中的工业机器人。

工业机器人可以按结构、作业用途、驱动方式、各构件之间的连接方式等进行分类，下面将分别作出说明。

1. 按结构分类

工业机器人按结构可分为直角坐标机器人、圆柱坐标机器人、球坐标机器人和关节机器人。

（1）直角坐标机器人。

图 6.2(a) 所示为单坐标机器人，其末端执行器只能沿一个方向移动；图 6.2(b) 所示为二坐标机器人，其末端执行器能沿 x、y 两个直角坐标方向做平面移动；图 6.2(c) 所示为三坐标机器人，其末端执行器能沿 x、y、z 三个相互垂直的坐标方向移动，三坐标机器人的空间运动是由三个相互垂直的直线运动实现的。因为直线运动易实现全闭环的位置控制，所以直角坐标机器人能达到很高的位置精度。为了实现一定的运动空间，直角坐标机器人的外形尺寸比其他类型机器人的外形尺寸大得多。其中，三坐标机器人的工作空间为一个空间长方体，主要用于装配作业及搬运作业。

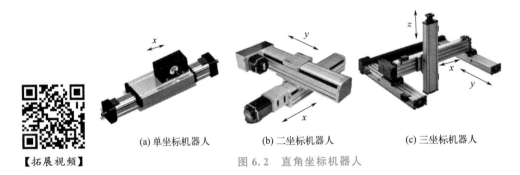

【拓展视频】

| (a) 单坐标机器人 | (b) 二坐标机器人 | (c) 三坐标机器人 |

图 6.2　直角坐标机器人

（2）圆柱坐标机器人。

图 6.3(a) 所示为圆柱坐标机器人，其末端执行器的空间运动是由一个回转运动及两个直线运动实现的。因其工作空间是一个圆柱状的空间，故称圆柱坐标机器人。

（3）球坐标机器人。

图 6.3(b) 所示为球坐标机器人，其末端执行器的运动是由绕 y 轴的转动 ω_y、绕 z 轴的转动 ω_z 和一个沿 x 方向的直线运动实现的。因其工作空间是一个类球形的空间，故称球坐标机器人。

圆柱坐标机器人和球坐标机器人结构简单、成本较低，但能达到的位置精度不是很高，主要应用于搬运作业。

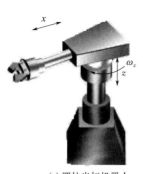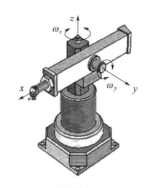

(a) 圆柱坐标机器人　　　　(b) 球坐标机器人

图 6.3　圆柱坐标机器人和球坐标机器人

（4）关节机器人。

关节机器人大多模仿人的手臂动作来完成各种操作。图 6.4 所示为关节机器人，其动作灵活、结构紧凑、体积小、工作空间较大。关节机器人在工业中的应用十分广泛，可以进行焊接、喷漆、搬运、装配、加工等作业。

关节机器人的关节可以是转动关节，也可以是移动关节。

图 6.4(a) 所示为做水平面运动的关节机器人，也称 SCARA 机器人；其各关节轴线竖向平行，主要用于平移、装配水平面上的工件等，动作速度非常高。图 6.4(b) 所示为做垂直面运动的关节机器人，也称 PUMA 机器人；其各关节轴线横向平行，可以在空间各面之间相互转换加工，主要用于各种复杂的工况。图 6.4(c) 所示为做空间运动的关节机器人，它是 KUKA 机器人家族成员之一，可完成复杂的空间运动。

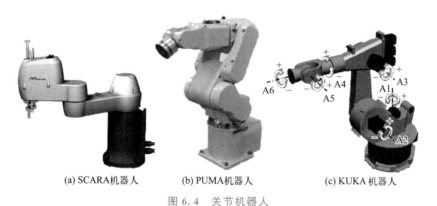

(a) SCARA机器人　　　　(b) PUMA机器人　　　　(c) KUKA 机器人

图 6.4　关节机器人

2. 按作业用途分类

工业机器人按作业用途可分为加工机器人、焊接机器人、搬运机器人、装配机器人、喷涂机器人、检测机器人等。

（1）加工机器人。利用 Robotmaster 软件将机器人的末端执行器转变为具有铣削、钻削、磨削、雕刻等功能的主轴系统，使机器人成为机械加工机床。例如，图 6.5(a) 所示为雕刻加工机器人，图 6.5(b) 所示为精密加工机器人。

（2）焊接机器人。焊接机器人是目前应用较广泛的一种工业机器人，它又分为电焊机器人和弧焊机器人两类。电焊机器人负载大、动作快，对工作的位置和姿态要求严格。弧焊机器人负载小、动作慢，对机器人的运动轨迹要求严格，必须实现连续路径控制，即在运动轨迹的每个点都必须满足预定的位置和姿态要求。汽车制造业广泛使用焊接机器人焊接承重大梁和车身。图 6.5(c) 所示为焊接机器人。

（3）搬运机器人。搬运作业是指用一种设备夹持工件，从一个加工位置移到另一个加工位置。一般情况下，搬运机器人对被搬运的工件没有严格的运动轨迹要求，只要求其在起始点和终点的位置和姿态准确。搬运机器人可以安装不同的末端执行器，以完成各种形状和状态的工件搬运工作，减少了人类繁重的体力劳动，广泛应用于机床上下料、冲压机自动化生产线、自动装配流水线、码垛搬运、集装箱等的自动搬运。图 6.5(d) 所示为搬运机器人。

【拓展视频】

(a) 雕刻加工机器人

(b) 精密加工机器人

(c) 焊接机器人

(d) 搬运机器人

图 6.5　雕刻机器人、精密加工机器人、焊接机器人和搬运机器人

（4）装配机器人。装配是一个复杂的作业过程，不仅要检测装配作业过程中的误差，而且要纠正这种误差。装配机器人的腕关节要求具有较高的柔性和很高的位置和姿态精度，因此采用了许多传感器，如接触传感器、视觉传感器、接近传感器、听觉传感器等。图 6.6(a) 所示为装配机器人。

（5）喷涂机器人。喷涂机器人多采用 5～6 个自由度的关节式结构，手臂有较大的运动空间，能实现复杂的运动轨迹。其腕关节一般有 2～3 个自由度，可灵活运动。先进的喷漆机器人腕部采用柔性腕关节，既可向各方向弯曲又可转动，其动作类似于人的腕关节，能方便地通过较小的孔伸入工件，喷涂其内表面。喷涂机器人一般由液压驱动，具有动作快、防爆性能好等特点。喷漆机器人广泛应用于汽车、仪表、电器、搪瓷等工艺生产中。图 6.6(b) 所示为喷漆机器人。

【拓展视频】

（6）检测机器人。零件制造过程中的检测及成品检测都是保证产品质量的关键。检测机器人的主要工作是确认零件尺寸是否在允许的公差范围内或者控制零件按质量分类。图 6.6(c) 所示为检测机器人。

(a) 装配机器人　　　　　　(b) 喷漆机器人　　　　　　(c) 检测机器人

图 6.6　装配机器人、喷涂机器人、检测机器人

3. 按驱动方式分类

工业机器人按驱动方式可分为液压驱动机器人、气压驱动机器人和电动机驱动机器人。

（1）液压驱动机器人。液压驱动是一种比较成熟的技术，具有动力大、响应快、易实现直接驱动等特点，适用于承载能力强的场合。但是，液压系统需进行能量转换（将电能转换为液压能），在多数情况下采用节流调速控制速度，效率比较低。图 6.7(a) 所示为液压驱动机器人。

（2）气压驱动机器人。气压驱动机器人以压缩空气为动力源，对环境友好，使用方便。此外，气压驱动机器人具有响应快、结构简单、成本低等优点；但实现伺服控制较难。气压驱动机器人适合在环境恶劣或要求无污染的环境下工作，如进行弹药生产装填、注塑、冲压、食品包装、自动上下料等。图 6.7(b) 所示为气压驱动机器人。

（3）电动机驱动机器人。电动机驱动机器人的驱动方式主要有直流伺服电动机驱动、同步交流伺服电动机驱动、步进电动机驱动和直接驱动。图 6.8 所示为伺服电动机驱动的串联机器人和并联机器人。

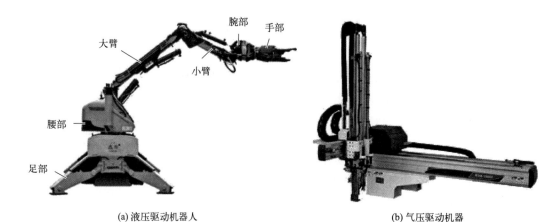

大臂

腕部　手部

小臂

腰部

足部

(a) 液压驱动机器人　　　　　　　　　　　(b) 气压驱动机器

图 6.7　液压驱动机器人与气压驱动机器人

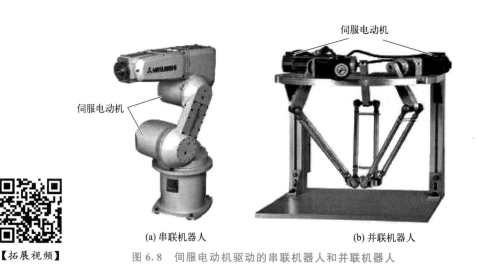

伺服电动机

伺服电动机

(a) 串联机器人　　　　　　　　　　　(b) 并联机器人

【拓展视频】

图 6.8　伺服电动机驱动的串联机器人和并联机器人

4. 按各构件之间的连接方式分类

工业机器人按各构件之间的连接方式可分为串联机器人和并联机器人。

(1) 串联机器人。组成串联机器人的各构件之间都是串联的，即后一个构件的运动是由前一个构件传递的。串联机器人大多采用开式运动链机构。图 6.1、图 6.3、图 6.4 所示的机器人都是串联机器人。

(2) 并联机器人。组成并联机器人的各构件之间形成多个封闭的构件系统，多个输入构件共同驱动一个输出构件运动。图 6.8(b) 所示的机器人就是并联机器人。

串联机器人具有运动空间大，动作灵活、运动多样化等特点；但有运动累积误差较大和刚度较小等缺点；工业机器人大多是串联机器人。并联机器人具有运动空间较小、运动多样化受到结构限制；但运动累积误差较小、刚度较大。

6.2　工业机器人的系统

工业机器人的种类很多，其机械结构也多种多样，但设计原理基本相同。一般情况下，工业机器人的机械系统由底座、机械臂、腕关节、末端执行器等组成，伺服系统主要由关节伺服电动机、减速器和编码器等组成；控制系统主要由控制计算机、示教盒和各种接口等组成。只有工业机器人的移动范围很大时才会考虑移动装置，如采用轮式移动、履带式移动、导轨式移动等。本书不考虑机器人的移动装置问题。

6.2.1　工业机器人的机械系统

工业机器人的机械系统也称机器人的主体或机器人的本体。

1. 底座

机器人的底座用于支承机器人的本体，设计要求如下。

（1）要求有足够大的安装基面，保证工业机器人工作时的稳定性。

（2）底座承受机器人的自重、工作载荷及惯性力，必须满足强度和刚度要求。

（3）在底座上安装工业机器人的腰部时，转动轴承必须满足安装要求、间隙调整及旋转精度；当机械臂在底座上移动时，必须满足强度、刚度、稳定性及间隙调整要求。

工业机器人底座设计方案的种类非常多，它与工业机器人的自由度种类、数目及用途密切相关。这里介绍一种常用的可支承腰部旋转的底座。

图 6.9 所示为支承腰部旋转的工业机器人底座。步进电动机先通过齿轮传动将动力传递到腰部回转轴（空心立柱），再通过顶部法兰连接将运动传递到大臂。

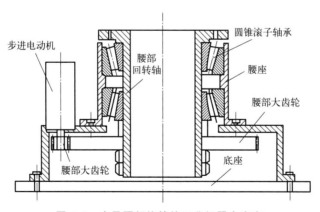

步进电动机　腰部回转轴　圆锥滚子轴承　腰座　腰部大齿轮　腰部大齿轮　底座

图 6.9　支承腰部旋转的工业机器人底座

2. 机械臂

工业机器人的机械臂由关节连接在一起，用以完成末端执行器的工作，机械臂可以完成回转、俯仰、升降、伸缩等运动。机械臂自身质量较大，并且承担关节驱动器、传动系统、末端执行器及工作负荷，受力比较复杂。但是，不同机械臂都有一些相近的设计要求。

（1）机械臂的设计要求。

① 机械臂的轴向尺寸必须能够满足工业机器人的工作空间要求。图 6.10 所示为工业机器人的工作空间，各机械臂的轴向尺寸设计应该能够达到工作空间的任一部位。

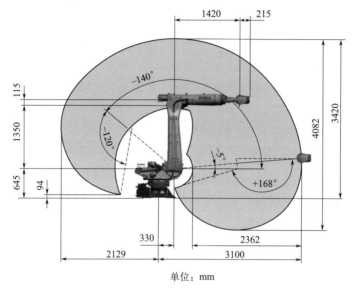

单位：mm

图 6.10　工业机器人的工作空间

② 机械臂的材料采用高强度轻质材料，做成空心薄壁矩形或圆形横截面，以提高抗弯强度和抗扭强度，这样不但能减轻自重，而且能在其内部安装传动系统。

③ 串联机器人的机械臂绕关节转动，要尽量减小机械臂的转动惯量并提高关节回转精度，各机械臂的质量中心应尽量靠近关节中心。

（2）机械臂的结构。

图 6.11 所示为各类机械臂的结构，可应用力学及机械设计方法对其进行具体的结构设计。

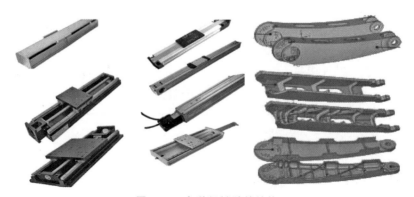

图 6.11　各种机械臂的结构

图 6.12 所示为机器人的框架式机械臂和连杆式机械臂。

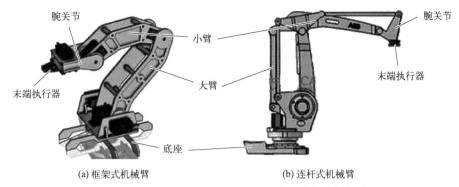

(a) 框架式机械臂   (b) 连杆式机械臂

图 6.12 工业机器人的框架式机械臂和连杆式机械臂

3. 腕关节

腕关节是连接工业机器人机械臂和末端执行器的装置。腕关节在机械臂前端，与操作器连接，承受载荷大，运动频繁。在机器人本体完成空间位置坐标的基础上，腕关节能提供末端执行器的三个位姿坐标，以提高末端执行器的工作灵敏度。在一般情况下，工业机器人的腕关节可提供三种运动，即回转运动、偏摆运动和俯仰运动。根据具体工作状态，腕关节可分为一个自由度的腕关节、两个自由度的腕关节和三个自由度的腕关节，如图 6.13 所示。图 6.14 所示为带有末端执行器的三个自由度腕关节的运动示意图。

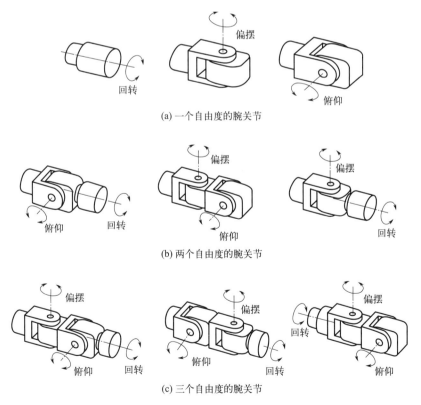

(a) 一个自由度的腕关节

(b) 两个自由度的腕关节

(c) 三个自由度的腕关节

图 6.13 工业机器人的腕关节

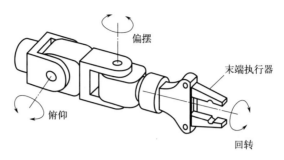

图 6.14　带有末端执行器的三个自由度腕关节的运动示意图

4. 末端执行器

末端执行器是机器人执行工作任务的装置，一般安装在腕关节上或直接安装在机械臂上。由于其结构和尺寸是按照不同的工作任务设计的，因此其外形具有多样性。一般情况下，根据工作用途和结构的不同，末端执行器可分为机械式末端执行器、吸附式末端执行器和专用末端执行器。

（1）机械式末端执行器。

机械式末端执行器是在工业机器人中应用最广泛的末端执行器，大多采用连杆机构，适用于抓取任意形状的物体。驱动方式有电驱动、液压驱动、气压驱动。

图 6.15(a) 所示为楔块杠杆式回转型末端执行器，采用液压驱动、气压驱动或电磁直线驱动。与活塞杆连接的楔块向下移动时，杠杆通过滚子绕支点 O_1 转动，使钳爪产生夹紧力 F_N：

$$F_N = \frac{F_p c}{2b \sin\alpha} \tag{6.1}$$

图 6.15(b) 所示为滑槽杠杆式回转型末端执行器。当驱动器推动杆向上移动时，圆柱销在两个杠杆的滑槽内移动，使杠杆绕支点 O_1、O_2 转动，从而产生夹紧力 F_N：

$$F_N = \frac{F_p a}{2b \cos^2\alpha} \tag{6.2}$$

图 6.15(c) 所示为连杆杠杆式回转型末端执行器。当驱动器推动杆上下移动时，连杆、钳爪构成摆动滑块机构，两钳爪绕支点 O_1、O_2 转动，实现工件的夹紧与放松，从而产生夹紧力 F_N：

$$F_N = \frac{F_p c}{2b \tan\alpha} \tag{6.3}$$

图 6.15(d) 所示为内撑连杆杠杆式末端执行器，驱动器作用在推杆上的推力使钳爪产生夹紧力 F_N：

$$F_N = \frac{F_p c}{3b \tan\alpha} \tag{6.4}$$

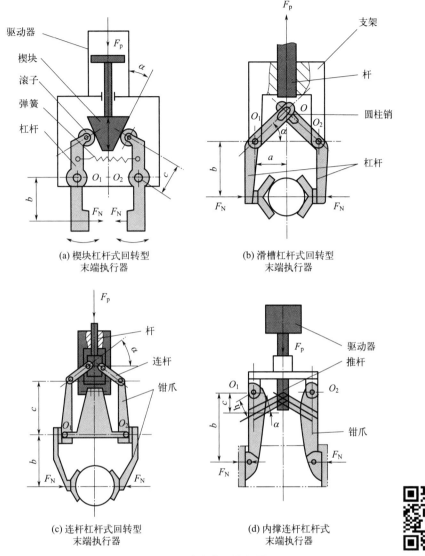

图 6.15　机械式末端执行器一

【拓展视频】

图 6.16(a) 所示为连杆式弧形爪末端执行器，与图 6.15(d) 所示的内撑式连杆杠杆式末端执行器的结构基本相同，但改变了钳爪的形状，可用于夹持工件的外表面。

图 6.16(b) 所示为钳爪平移式末端执行器，电磁驱动器推动齿条杆移动，驱动扇形齿轮摆动，使钳爪平行移动并产生夹紧力 F_N：

$$F_N = \frac{F_p R}{2L\cos\alpha} \tag{6.5}$$

（2）吸附式末端执行器。

吸附式末端执行器简称吸盘，有气吸式吸盘和磁吸式吸盘两种，它们分别利用吸盘内发生负压后产生的吸力和电磁力吸住工件。

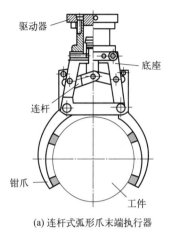
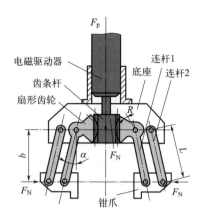

(a) 连杆式弧形爪末端执行器　　　　(b) 钳爪平移式末端执行器

【拓展视频】

图 6.16　机械式末端执行器二

图 6.17(a) 所示为挤压式吸盘,在日常生活中很常见。其结构简单、成本较低;但吸力不大,多用于吸附尺寸小、薄且轻的物体。

图 6.17(b) 所示为真空吸盘,它利用真空泵排气形成真空后的负压吸附物体,其成本较高;但吸力大、工作可靠,在工程中较常用。

图 6.17(c) 所示为气流负压吸盘,它利用高速流通的压缩空气带走吸盘内的空气后而产生的负压吸附物体。其成本较低,工作可靠。

图 6.17(d) 所示为电磁吸盘,它利用接通和断开电磁线圈的电流控制磁力,操作简单、工作可靠;但只适用于吸附导磁物体。

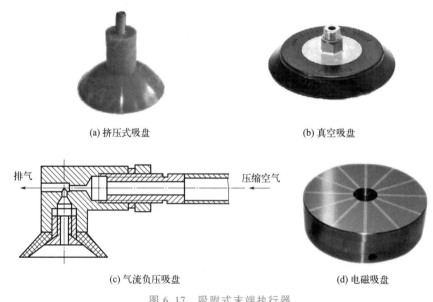

(a) 挤压式吸盘　　　　　　　　　　(b) 真空吸盘

(c) 气流负压吸盘　　　　　　　　　　(d) 电磁吸盘

图 6.17　吸附式末端执行器

工业机器人的末端执行器在设计时可根据具体工况选定,图 6.18(a) 所示为吸附与抓取结合的末端执行器，图 6.18(b) 所示为电动机驱动的齿轮连杆末端执行器；图 6.18(c) 所示为液压驱动的齿轮杠杆末端执行器；图 6.18(d) 所示为气压驱动的凸轮杠杆末端执行器。

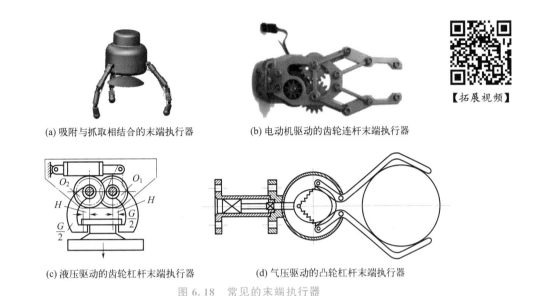

【拓展视频】

(a) 吸附与抓取相结合的末端执行器   (b) 电动机驱动的齿轮连杆末端执行器

(c) 液压驱动的齿轮杠杆末端执行器   (d) 气压驱动的凸轮杠杆末端执行器

图 6.18　常见的末端执行器

（3）专用末端执行器。

工业机器人的末端执行器种类非常多，可以安装用于夹持物品的机械手指，有两指末端执行器、三指末端执行器等，机械手指的形状因被夹持物品的形状而异；还可以安装吸盘。当末端执行器为机械手指时，此类工业机器人可用于上下料或用于搬运码垛；当末端执行器为吸盘时，可以进行相关的吸附操作。

当末端执行器安装不同的机械加工装置时，该类工业机器人可实现铣削、钻削、磨削、焊接、喷涂、激光加工、检测等大量具有复杂形状的金属材料加工与测量。这类工业机器人已经成为智能制造领域的重要加工设备。图 6.19(a) 所示为安装立式铣削头的铣削加工末端执行器，此工业机器人称为铣削加工机器人；图 6.19(b) 所示为焊接加工末端执行器，此工业机器人称为焊接机器人；图 6.19(c) 所示为安装激光头的激光加工末端执行器，此工业机器人称为激光加工机器人；图 6.19(d) 所示为喷涂加工末端执行器，此工业机器人称为喷涂机器人。

【拓展视频】

根据加工要求，工业机器人的末端执行器可根据具体加工工艺进行选择或设计。ABB 和 KUKA 工业机器人的通用性很好，可根据需要安装不同的加工设备。

6.2.2　工业机器人的伺服系统

伺服系统是工业机器人的主要动力来源，也是控制设备实现精确运动与定位的必要系统，一般由伺服电动机、伺服电动机驱动器和减速器三部分组成。图 6.20(a) 所示为工业机器人的伺服系统组成，图 6.20(b) 所示为工业机器人的伺服电动机与减速器。

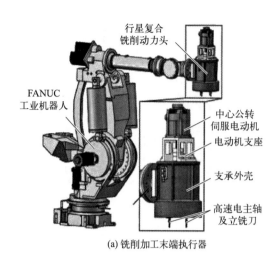

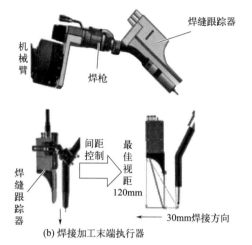

(a) 铣削加工末端执行器

(b) 焊接加工末端执行器

(c) 激光加工末端执行器

(d) 喷涂加工末端执行器

图 6.19　典型的机械加工工业机器人的末端执行器

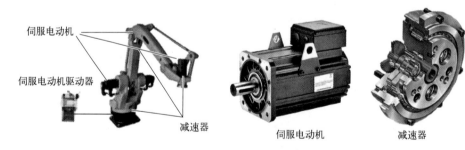

(a) 工业机器人的伺服系统组成　　　(b) 工业机器人的伺服电动机与减速器

图 6.20　工业机器人的伺服系统

　　伺服电动机驱动器有直流伺服电动机驱动器、同步交流伺服电动机驱动器、步进电动机驱动器、直接驱动电动机。

1. 直流伺服电动机驱动器

图 6.21(a) 所示为直流伺服电动机驱动器，其采用脉冲宽度调制（pulse width modulation，PWM）伺服驱动器，通过改变脉冲宽度来改变加在伺服电动机电枢两端的平均电压，从而改变伺服电动机的转速。PWM 伺服驱动器具有调速范围大、低速特性好、响应快、效率高、过载能力强等特点，在工业机器人中常作为直流伺服电动机驱动器。

2. 同步交流伺服电动机驱动器

图 6.21(b) 所示为同步交流伺服电动机驱动器，其采用电流型 PWM 相逆变器和具有电流环为内环、速度环为外环的多闭环控制系统，以实现对三相永磁同步伺服电动机的电流控制。与直流伺服电动机驱动器相比，同步交流伺服电动机驱动器具有功率大、最高转速低、无电刷及换向火花等优点，在工业机器人中得到了广泛的应用。

3. 步进电动机驱动器

图 6.21(c) 所示为步进电动机驱动器，其是将电脉冲信号转变为相应的角位移或直线位移的元件，它的角位移和线位移与脉冲数成正比，转速或线速度与脉冲频率成正比。在负载能力的范围内，这些关系不因电源电压、负载、环境条件的波动而变化，误差不会长期积累，步进电动机驱动器可以在较大的范围内通过改变脉冲频率来调速，实现快速启动

(a) 直流伺服电动机驱动器

(b) 交流伺服电动机驱动器

(c) 步进电动机驱动器

(d) 直接驱动电动机

图 6.21　伺服电动机驱动器

和正反转制动。步进电动机驱动器作为一种开环数字控制系统，在小型工业机器人中得到了较广泛的应用。但是，其存在过载能力差、调速范围较小、低速运动时有脉动和不平衡等缺点，一般只用于小型或简易的工业机器人中。

4. 直接驱动电动机

图 6.21(d) 所示为直接驱动电动机。直接驱动就是电动机与其所驱动的负载直接耦合在一起，中间不存在任何减速机构，提高了工业机器人的精度，同时避免了由减速机构的摩擦及传送转矩脉动造成的工业机器人控制精度降低等问题，所以其机械刚性好，具有部件少、结构简单、维修容易、可靠性高等特点，在高精度、高速工业机器人中的应用越来越广泛。

6.2.3　工业机器人的控制系统

1. 控制系统的组成

工业机器人的控制系统是工业机器人的"大脑"，负责控制工业机器人的运动位置、轨迹和姿态，并将信号传递给伺服电动机，实现插补计算和运动控制。工业机器人控制系统的组成如图 6.22 所示，其主要由控制计算机、示教盒、操作面板、磁盘存储器、数字量或模拟量输入与输出、打印机接口、传感器接口、轴控制器、辅助设备控制器、通信接口及网络接口等组成。

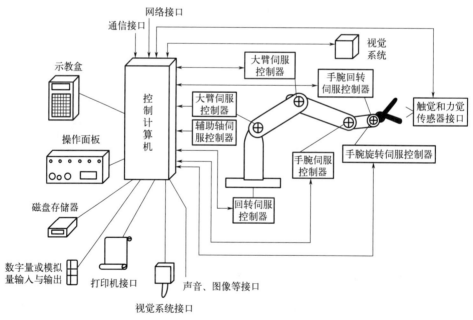

图 6.22　工业机器人控制系统的组成

2. 控制系统各组成部分的功能

（1）控制计算机：控制系统的调度指挥机构，一般为微型计算机，微处理器有 32 位、64 位等。

（2）示教盒：编程机器人的工作轨迹、参数及所有人机交互操作，拥有独立的中央处理器及存储单元，与主计算机之间以串行通信方式实现信息交互。

（3）操作面板：由操作按键、状态指示灯构成，只能完成基本功能操作。

（4）磁盘存储器：存储机器人工作程序的外部存储器。

（5）数字量或模拟量输入与输出：各种状态和控制命令的输入与输出。

（6）打印机接口：记录需要输出的信息。

（7）传感器接口：自动检测信息，实现工业机器人的柔性控制，一般有力觉传感器、触觉传感器和视觉传感器。

（8）轴控制器：控制工业机器人的关节位置、速度和加速度。

（9）辅助设备控制器：控制与工业机器人配合的辅助设备，如钳爪变位器等。

（10）通信接口：实现工业机器人和其他设备的信息交换，一般有串行接口、并行接口等。

（11）网络接口：有 Ethernet 接口和 Fieldbus 接口等。①Ethernet 接口：可通过以太网实现数台或单台工业机器人的计算机通信，数据传输速率高达 10Mbit/s，可直接在计算机上用 Windows 库函数进行应用程序编程，支持 TCP/IP 通信协议，可通过 Ethernet 接口将数据及程序装入各工业机器人的控制器中。②Fieldbus 接口：支持多种流行的现场总线规格，如 DeviceNet、PROFIBUS－DP、M－NET 等。

工业机器人的控制系统包括硬件层、系统层和应用层。硬件层主要是控制板卡、主控单元、信号处理部分；系统层主要是机器人算法；应用层主要是软件包、工具包等。

3. 工业机器人控制系统的功能

工业机器人的控制系统是机器人的重要组成部分，用于控制操作机，以完成特定的工作任务，其功能如下。

（1）记忆功能：存储作业顺序、运动路径、运动方式、运动速度和与生产工艺有关的信息。

（2）示教功能：离线编程、在线示教、间接示教。其中，在线示教包括示教盒和导引示教两种。

（3）与外部设备联系功能：输入与输出接口、通信接口、网络接口、同步接口。

（4）坐标设置功能：有关节、直角、工具、用户自定义四种坐标设置功能。

（5）人机接口模块输入与输出功能：示教盒和操作面板为输入装置，显示屏为输出装置。

（6）传感器模块感知功能：可将位置、视觉、触觉、力觉等信息输入控制系统中。

（7）位置伺服功能：可完成工业机器人多轴联动、运动控制、速度和加速度的控制及动态补偿等。

（8）故障诊断安全保护功能：运行时进行系统状态监视，故障时进行安全保护和故障自诊断。

6.3　工业机器人的现状及核心技术

工业机器人是"制造业皇冠顶端的明珠"，其研发、制造、应用是衡量一个国家科技创新与高端制造水平的重要标志。

6.3.1 世界工业机器人简介

日本的发那科（FANUC）和安川电机（YASKAWA）、瑞士的 ABB、德国的库卡 (KUKA)，合称工业机器人的"四大家族"。"四大家族"在工业机器人的技术领域中各有所长。FANUC 工业机器人的核心是数控系统；ABB 工业机器人的核心是控制系统；YASKAWA 工业机器人的核心是伺服系统和运动控制器；KUKA 工业机器人的核心是控制系统和机械本体系统。"四大家族"占据全球工业机器人市场份额的 50% 以上。以下简要介绍"四大家族"。

1. FANUC 工业机器人

FANUC 成立于 1956 年，是日本一家专门研究数控系统的公司，也是世界上最大的专业数控系统生产厂家。1974 年，FANUC 首台机器人问世。FANUC 形成了工业自动化、机床和机器人三大业务协同发展的经营模式。

FANUC 工业机器人具有高精度、高加速度、质量轻等优点；但其过载能力较弱。因此，其适用于小负载、高精度的应用场合。图 6.23 所示为典型的 FANUC 工业机器人。

我国上海电气集团和 FANUC 合作，主要从事机器人系统集成业务。

图 6.23　典型的 FANUC 工业机器人

2. ABB 工业机器人

ABB 是由瑞典的阿西亚公司（Asea）和瑞士的布朗勃法瑞公司（Brown Boveri）在 1988 年合并而成的，其总部位于瑞士苏黎世。

ABB 机器人是面向工业领域的多关节型工业机器人，它可以接受人类指挥，也可以按预先编写的程序运行，能自动执行工作，靠自身动力和控制能力实现各种功能，具有很好的智能性，可以根据人工智能技术制定工作原则、纲领。ABB 的六轴联动机器人速度很高，运动控制算法做得很好，整体性能高；但价格较高。图 6.24 所示为典型的 ABB 工业机器人。其主要特点如下。

（1）通用性好。除专用工业机器人外，ABB 工业机器人在执行不同的作业任务时具有较好的通用性。例如，只需更换 ABB 工业机器人的末端执行器（钳爪、工具等）即可执行不同的作业任务。

图 6.24　典型的 ABB 工业机器人

（2）智能性好。ABB 的第三代智能工业机器人不仅安装了获取外部环境信息的各种传感器，而且具有记忆能力、语言理解能力、图像识别能力、推理判断能力。

（3）可编程性好。ABB 工业机器人可因工作环境变化的需要而重新编程，因此它在小批量、多品种的柔性制造过程中能发挥很好的作用，是柔性智能制造系统的重要组成部分。

3. YASKAWA 工业机器人

YASKAWA 成立于 1915 年，是日本最大的工业机器人公司。YASKAWA 以伺服电动机起家，以伺服电动机为代表的工业控制产品是其巨大优势。YASKAWA 工业机器人最大的特点是负载大、稳定性高，在满负载、满速度运行的过程中不会报警，甚至能够过载运行；但其精度较低。此外，YASKAWA 工业机器人的价格优势明显，是"四大家族"中价格最低、性价比较高的工业机器人。因此，YASKAWA 在重负载的工业机器人领域中的应用比较广泛。图 6.25 所示为典型的 YASKAWA 工业机器人。

图 6.25　典型的 YASKAWA 工业机器人

4. KUKA 工业机器人

KUKA 成立于 1898 年，以焊接设备起家；1973 年，KUKA 研发了名为 FAMULUS 的第一台工业机器人。KUKA 的优势在于对工业机器人本体结构和易用性的创新。KUKA 的系统集成度高，操作简单。KUKA 在重负载工业机器人领域做得比较好，在负载大于 120kg 的工业机器人中，KUKA 和 ABB 的销量居多；而在重载的 400kg 和 600kg 的工业机器人中，KUKA 的销量最多。

KUKA 工业机器人可用于物料搬运、加工、码垛、点焊和弧焊，涉及自动化、金属加工、食品和塑料加工等行业。

在机械制造领域中，KUKA 不仅可以进行钻孔、铣削、切割、弯曲和冲压，也可以用于焊接、装配、装载或卸载等工序中。

KUKA 的负载能力大（可超过 1000kg）、响应快、定位准、定位时间短、重复定位精度高。图 6.26 所示为典型的 KUKA 工业机器人。

图 6.26　典型的 KUKA 工业机器人

总之，"四大家族"的共同特点是掌握了工业机器人一些核心零部件的关键技术，可以实现一体化突破性的发展。

6.3.2　我国工业机器人的现状

我国对工业机器人的研究始于 20 世纪 70 年代，经历了从技术引进到自主研发，再到技术创新的过程。我国将突破工业机器人核心零部件的关键技术作为科技发展的重要战略，国内厂商逐渐攻克减速机、伺服控制、伺服电动机等核心零部件领域的部分难题，国产控制器等核心零部件在国产工业机器人中的使用增加。智能控制和应用系统的自主研发水平不断提高，制造工艺的自主设计能力也不断提升，核心零部件的国产化趋势逐渐显现。

工业机器人作为国家战略性新兴产业，是国家从制造大国发展为制造强国的重要抓手。近年来，为加快制造强国建设步伐，推动工业机器人产业快捷发展，我国出台了一系列政策。我国由于经济发展已从高速增长阶段逐步转入高质量的发展阶段，因此必须关注优化经济结构、转换增长动力。工业机器人是我国制造业转型升级、提质增效的关键核心产品。虽然我国工业机器人起步较晚，但是在国家相关政策大力支持和国内生产研发技术水平提升等的作用下得到快速发展。

成立于 1993 年的埃斯顿公司是国内领先的自动化核心部件及运动控制系统研制厂家，也是工业机器人及智能制造系统的提供商和服务商。其产品包含数控装置、交流伺服系统、液压控制系统及相关设备的电气控制系统等，用于锻压设备、机床、纺织机械、包装机械、印刷机械、电子机械、金属加工机械等机械装备行业。

创立于 1994 年的武汉华中数控股份有限公司是国内少数在工业机器人核心零部件（控制系统、伺服驱动、伺服电动机、机械本体等）具有完全自主创新能力和自主知识产权的企业。其以通用多关节工业机器人产品为主攻方向，以国产工业机器人核心基础部件研发和产业化为突破口，成功推出了 BR 双旋垂直多关节、水平多关节、SCARA、DEL-TA、特殊系列六大系列的 40 余款工业机器人，为我国工业机器人的研发作出了突出贡献。

根据中国电子学会研究显示，中国的机器人产业主要可以分为六大区域，分别是长三角、珠三角、京津冀、东北、中部和西部地区。其中，又以长三角和珠三角的产业发展最为迅速，机器人相关企业数量分别达到了4574家和2643家；而京津冀、东北、中部和西部地区的机器人相关企业数量分别为995家、915家、2014家和1422家。从专利获取数量上看，长三角断崖式领先于其他地区，机器人相关专利数量达到了79844件；而珠三角、京津冀、东北、中部和西部地区的机器人相关专利数量分别达到了57192件、36200件、13383件、34880件和25600件。

根据国际机器人联合会和中国电子学会的数据，经历了2019—2020年的市场低迷后，2021年中国工业机器人市场实现了强劲的反弹。2021—2024年，全球和中国的工业机器人市场年复合增长率将分别达到9.5%和15.3%，2024年全球和中国的工业机器人市场规模将分别达到230亿和115亿美元。届时，中国工业机器人将在全球占45%的市场份额。中国工业机器人的市场规模变化如图6.27所示。

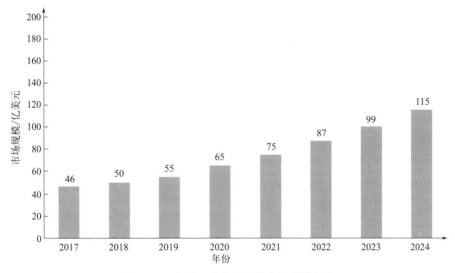

图6.27 中国工业机器人的市场规模变化

此外，从工业机器人新装机数量的角度来看，中国的工业机器人在2022年达到290258台的新高峰，占全球工业机器人2022年新装机数量的52%，运行总量突破了150万台，这也使我国成为世界上工业机器人存量最多的国家。据国际机器人联合会数据显示，2022年欧洲的工业机器人运行总量为728391台，北美为452217台。从中国所使用工业机器人的行业来看，电子电气行业是中国工业机器人的主要客户，占新装机数量的35%，其中中国电子行业的新装机数量占全球该行业新装机数量的64%；第二大客户是汽车行业，2022年占新装机数量的26%，达到了73363台，并且全球汽车行业54%的新装机数量在中国；第三大客户是金属和机械行业，2022年新装机数量为30932台，占中国总装机数量的11%。

目前，中国在工业机器人的核心零部件的核心竞争力逐渐提高，在减速器、控制器及伺服系统方面有一定的突破。未来，随着我国工业机器人核心零部件的突破，工业机器人

可以实现更精准的应用，如应用于研磨、铆接等复杂且精密的场景。为了达到以上的发展，除了突破核心零部件的技术，还要突破模块化的硬件配置和数字孪生技术。模块化的硬件配置能使工业机器人的结构和配置更加灵活，可以根据市场的不同应用需求快速调整。此外，由于工业机器人对于运作的精度要求高，训练成本大，因此通过数字孪生在虚拟环境中模拟机器人的行为可以有效降低训练成本并提高运作效率，也是未来的发展趋势。

6.3.3 工业机器人的核心技术

工业机器人的产业链分为上游核心零部件、中游机械本体制造、下游系统集成三个环节。

（1）上游核心零部件：包括减速器、伺服系统、控制器等，这些零部件直接决定了工业机器人的性能、可靠性、负载能力等技术指标；其成本约占工业机器人总体成本的65%。

（2）中游机械本体制造：涉及工业机器人整机结构设计和加工工艺，对工业机器人的稳定性、精度等有重要影响；其成本约占工业机器人总体成本的25%。

（3）下游系统集成：面向终端用户，根据终端用户的需求可实现机械加工、焊接、装配、检测、搬运、喷涂等操作；其成本约占工业机器人总体成本的10%。

1. 上游核心零部件

上游核心零部件是工业机器人的关键技术，也是国内外差距最大的领域。大型工业机器人制造企业往往通过掌握关键零部件技术打造核心竞争力。

在减速器方面，全球大部分市场被日本的哈默纳科（谐波减速器）、纳博特斯克（RV减速器）所占据，比例都在70%以上。从分类上看，谐波减速器的国产化率相对较高，而RV减速器的技术门槛较高，国产化率相对较低。

近几年，国产谐波减速器部分参数已经达到国际前沿水平，逐步替代部分进口谐波减速器。以2021年为例，在国内市场，日本哈默纳科和中国绿的谐波分别以35.5%和24.7%的市场占有率大幅领先于其他厂商，而且中国绿的谐波的市场占有率比上年增加了3.7%，日本哈默纳科的市场占有率反而下降了1.5%。

伺服系统是工业机器人的主要动力来源，也是控制设备实现精确运动与定位的必要系统，一般由伺服电动机、伺服驱动器、编码器三部分组成。在工业机器人的伺服系统中，电动机主要采用永磁同步交流伺服电动机，伺服驱动主要以总线通信形式实现位置、速度和转矩单元的控制，编码器主要采用多圈绝对值编码器。

在工业机器人的伺服系统中，伺服电动机严重依赖进口，其典型生产厂家有安川、西门子、三菱、松下、伦茨、路斯特等。国产伺服电动机在技术标准、设计选料、制造工艺等方面与国外先进水平有较大差距，这些导致国产伺服电动机在稳定性、持久性、噪声、功率等方面均有不足。

控制器是根据反馈信号控制工业机器人的执行机构，相当于工业机器人的"大脑"。在三大部件中，虽然控制器的技术难度较低，并且成本占比不高，但对工业机器人的工作能力、操作精度、稳定性等关键指标有决定性作用。

控制器分为硬件和软件两部分，在硬件上国内外差距不大，但在软件算法和二次开发上有较大差距，并且软件算法最重要的是与工业机器人本体匹配，而国内大多数企业没有完整的产业链，导致国内控制器企业难以具备竞争优势。

2. 中游机械本体制造

中游机械本体制造负责工业机器人本体（底座和执行机构）的组装和集成，包括机械臂、腕关节等。

工业机器人机械本体制造近年来呈现出国产品牌占据主导地位的趋势。根据高工产业研究院的数据，2023年中国工业机器人市场销量达到31.6万台，同比增长4.29%。在这一年中，国产工业机器人的市场占有率首次突破50%（达到52.45%），标志着国产品牌在市场上的影响力显著提升。这一增长反映了国内工业自动化进程的不断加快，以及国产工业机器人在满足国内市场需求方面能力的不断提升。

此外，从全球范围来看，中国工业机器人的装机量占全球比重超过50%，稳居全球第一大工业机器人市场。这一数据不仅显示了中国市场的庞大规模，也反映了中国在全球工业机器人市场中的重要地位。同时，国内工业机器人产业的发展得到了政府和相关行业的支持，如《"十四五"机器人产业发展规划》的出台，以及新能源汽车、消费电子、生物医药等行业的蓬勃发展，都为工业机器人提供了广阔的市场空间和发展机遇。

3. 下游系统集成

下游系统集成是连接工业机器人机械本体企业和应用端的"桥梁"，为终端用户提供应用解决方案，负责工业机器人应用的二次开发及周边自动化配套设备的集成，它是工业机器人自动化应用的重要组成部分。

得益于我国拥有全球最完善的制造业产业类别，下游系统集成是工业机器人行业的最大市场，并随着工业机器人应用领域的拓展不断增大。据统计显示，我国工业机器人系统集成商（机械本体＋系统集成）已经超过了3500家，市场规模也超过了600亿元。与单元产品供应商相比，系统集成商应具有产品设计能力、项目经验，并在对用户行业深刻理解的基础上，提供可适应不同应用领域的标准化、个性化成套装备。

4. 工业机器人核心技术简介

工业机器人的核心技术主要分布在工业机器人产业链的上游，其中关键部分有伺服电动机、伺服驱动器、减速器、控制系统、感知系统等。

（1）伺服电动机及伺服驱动器。

伺服电动机及伺服驱动器是伺服系统的基本组成部分。

① 伺服电动机。伺服电动机（servo motor）是在伺服系统中驱动机械元件运转的动力机，用于控制运动位置、运动速度，其位置精度很高。伺服电动机的转子转速受输入信号的控制并能快速反应，在自动控制系统中用作执行元件，线性度高，可把接收到的电信号转变为伺服电机轴上的角位移或角速度输出。其主要特点是信号电压为零时无自转现象，转速随转矩的增大而匀速下降。

伺服电动机编码器是安装在伺服电动机上用来测量磁极位置、转角及转速的一种传感器。根据物理介质的不同，伺服电动机编码器可以分为光电编码器和磁电编码器。市场上使用的编码器基本上是光电编码器，但磁电编码器作为后起之秀，有可靠性高、价格低、

抗污染等特点，有赶超光电编码器的趋势。在伺服电动机制造领域，编码器是伺服电动机中的关键技术，光电编码器是主要的技术短板。由于各公司的伺服编码器磁极原点对位原理不同，这样会给伺服编码器的破解带来麻烦，因此编码器的码盘和电路设计也是关键技术。

② 伺服驱动器。伺服驱动器（servo drives）又称伺服控制器、伺服放大器，是用来控制伺服电动机运转的一种控制器。其作用类似于变频器作用于普通交流电动机，是伺服系统的一部分，主要用于高精度定位系统中。其一般通过位置、速度和力矩三种方式对伺服电动机进行控制，实现高精度的传动系统定位，是伺服技术领域的高端产品。

主流的伺服驱动器均采用数字信号处理器（digital signal processor，DSP）作为控制核心，可以实现比较复杂的控制算法，实现数字化、网络化和智能化。功率器件普遍采用以智能功率模块（intelligent power module，IPM）为核心设计的驱动电路，IPM 有过电压、过电流、过热、欠压等故障检测保护电路，在主回路中还加入软启动电路，以减小启动过程对伺服驱动器的冲击。

伺服驱动器是现代运动控制的重要组成部分，广泛应用于工业机器人及数控加工中心等自动化设备，尤其适用于控制交流永磁同步电动机的伺服驱动器。交流伺服驱动器设计普遍采用基于矢量控制的电流、速度、位置三闭环控制算法。该算法中速度闭环的合理设计对整个伺服控制系统，特别是对速度控制起到关键作用。

伺服系统技术正在由直流伺服系统转向交流伺服系统。从目前国际市场的情况看，几乎所有新产品都采用交流伺服系统。在工业发达国家，交流伺服电动机的市场占有率已经超过 80%。国内生产交流伺服电动机的厂家也越来越多，正在逐步超过生产直流伺服电动机的厂家数量。

（2）减速器。

由于伺服电动机转速较高，因此在伺服电动机和执行元件之间必须有减速器。为了减小减速器的体积，减速器的输入轴和输出轴应共轴，方便伺服电动机和减速器的安装。一般情况下，工业机器人的关节驱动器都是把伺服电动机和减速器安装在一起，构成一个整体。我国在研究减速器的工作原理、机械设计领域处于世界先进水平，但在制造领域存在技术短板，导致工业机器人的关节减速器严重依赖进口。工业机器人的关节减速器主要有谐波减速器和 RV 减速器。

① 谐波减速。谐波减速器的工作原理及结构如图 6.28 所示，谐波减速器由刚轮、柔轮和使柔轮发生径向变形的谐波发生器组成，具有很高的运动精度和传动效率。谐波减速器的传动比范围大，单级谐波减速器的传动比为 50～300。谐波减速器同时参与啮合的齿数多，承载能力强。柔轮和刚轮之间的尺寸主要取决于谐波发生器的外形尺寸及两齿轮的齿形尺寸，要使传动回差很小，某些情况甚至可以是零侧隙。由于谐波齿轮减速器的高速轴、低速轴位于同一轴线上，因此谐波减速器的同轴性好。因为采用密封柔轮谐波传动减速装置可以工作在高真空、有腐蚀性及其他有害介质空间的机构中，所以谐波减速器可向密闭空间传递运动及动力，这一独特优点是其他传动机构难以达到的。

谐波减速器理论上是一种传统的少齿差齿轮减速器，其传动比的计算也按少齿差齿轮减速器的传动比计算。谐波减速器的刚轮固定，谐波发生器为主动构件，柔轮为从动构件，柔轮在非圆的谐波发生器的作用下产生变形，谐波发生器长轴两端处的柔轮轮齿与刚

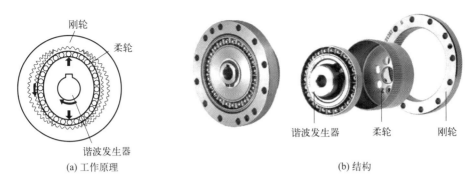

图 6.28　谐波减速器的工作原理及结构

轮轮齿完全啮合，在短轴两端处的柔轮轮齿与刚轮轮齿完全脱开。在谐波发生器长轴与短轴之间，柔轮轮齿与刚轮轮齿有的逐渐进入啮合，称为啮入；有的逐渐退出啮合，称为啮出。谐波发生器连续转动，使"啮入—完全啮合—啮出—完全脱开"四种状态循环变化进行。若谐波发生器顺时针转动，则柔轮逆时针转动。

　　谐波减速器的关键技术是柔轮的材料与制造精度。由于柔轮做周期性变形运动，因此会产生交变应力，易产生疲劳破坏，使柔轮的使用寿命降低。当谐波传动过载时，刚轮轮齿和柔轮轮齿易打滑，承载能力较低，所以谐波减速器常用于轻载工业机器人领域。

　　② RV 减速器。RV 减速器是一种行星齿轮传动机构，由一个行星轮系和一个差动轮系组成，如图 6.29 所示。内齿轮为减速器的外壳，是固定不动的。中心轮为 RV 减速器的运动输入构件，驱动行星齿轮运动，而行星齿轮的运动通过行星支架带动偏心轴转动，偏心轴的转动带动行星齿轮运动，由于作为中心轮的内齿轮固定不动，因此行星齿轮的运动将驱动偏心轴绕齿轮的轴线公转，此公转运动反馈回来就是差动轮系输出轴的运动，也是 RV 减速器的运动输出。

【拓展视频】

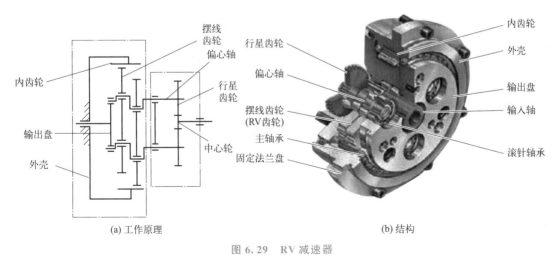

图 6.29　RV 减速器

　　在 RV 减速器中，右半部分方框中的行星齿轮系采用渐开线齿轮传动，左半部分方框中的行星齿轮系采用摆线齿廓的齿轮传动，这样可以有效避免少齿差传动引起的轮齿干涉现象；内齿轮的滚动还可提高传动效率。

我国对 RV 减速器的机构设计研究得非常充分，只是齿轮、轴承等零部件的制造精度较低。日本纳博特斯克（Nabtesco）公司的 RV 减速器是主流产品，国内制造 RV 减速器的厂家很多，有合资企业和私人企业，但是精度往往都达不到纳博特斯克公司的精度水平，或稳定性不好。

③ 内平动齿轮减速器。我国自行研制的内平动齿轮减速器与 RV 减速器的结构基本相同，但齿轮之间的运动方式不同。内齿轮中心距与偏心轴的偏心距相等，行星外齿轮与内齿轮啮合时做没有自转的平面平行运动。内平动齿轮减速器如图 6.30 所示，其具有传动效率高、传动比大等特点。传动比为 100 的内平动齿轮减速器的传动效率达到 93% 以上，是同传动比减速器中效率最高的一种传动装置。将内平动齿轮机构改为摆线齿廓齿轮传动，可减少传动的轮齿干涉现象。

【拓展视频】

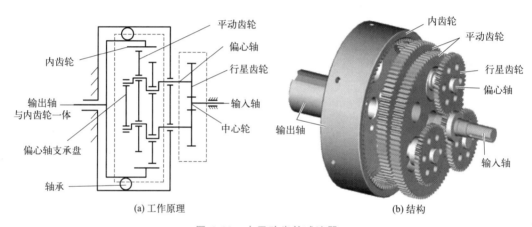

(a) 工作原理　　　　　　　　　　　　　(b) 结构

图 6.30　内平动齿轮减速器

综上所述，我国在减速器的工作原理设计和结构设计领域与发达国家没有差距；但在减速器中的齿轮制造精度、轴承精度、整机安装、使用寿命、可靠性等方面还存在一定差距，这些技术短板急需解决。

（3）控制系统。

工业机器人的控制系统是根据指令及传感信息控制工业机器人完成一定的动作或作业任务的装置，也是工业机器人的"心脏"，决定了工业机器人的性能。对于不同类型的工业机器人（如有腿的步行机器人与关节型工业机器人），其控制系统有较大差别，控制系统的设计方案也不同。图 6.31 所示为串联工业机器人的控制系统。

工业机器人控制系统中的关键技术主要在硬件层、系统层和应用层。硬件层主要有控制板卡、主控单元及信号处理器等，系统层主要包括控制算法，应用层主要有各种软件包。各被控元件由总线连接，并且有各自的中央处理器，通过控制器的软件控制其工作。此外，离线编程软件需要通过控制器运行。控制器和机械本体的接插件及电缆都有很高的技术含量，工业机器人故

【拓展视频】

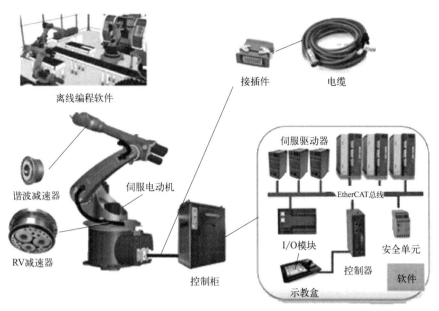

离线编程软件

接插件　　　　电缆

谐波减速器

伺服电动机

RV减速器

伺服驱动器

EtherCAT总线

I/O模块

安全单元

控制器

软件

示教盒

控制柜

图 6.31　串联工业机器人的控制系统

障大多发生在电缆线的接插件。

工业机器人的自由度取决于可运动的关节数，关节数越多，自由度越大，位移精度越高，所使用的伺服电动机越多。换言之，越精密的工业机器人所需的伺服电动机越多。一般每台多轴工业机器人由一套控制系统控制，这意味着对控制系统的性能要求越来越高。

工业机器人控制系统的主要任务是控制工业机器人在工作空间中的运动位置、姿态和轨迹，以及操作顺序和动作时间。它具有编程简单、人机界面友好、在线操作提示和使用方便等特点。

控制系统、软件与机械本体相同，一般由工业机器人厂家自主设计研发。国外主流工业机器人厂商的控制系统均在通用的多轴运动控制系统平台上自主研发，并且各种品牌的工业机器人均有自己的控制系统与之匹配。

经过多年沉淀，国内工业机器人控制系统采用的硬件平台与国外的没有太大差距，差距主要体现在控制系统的软件算法和二次开发平台的易用性方面。随着技术和应用经验的积累，国内工业机器人控制系统较成熟，它是工业机器人产品中与国外工业机器人产品差距最小的关键技术。

（4）感知系统。

现代智能工业机器人的感知系统主要有内部传感器和外部传感器。

① 内部传感器。内部传感器是指用于测量工业机器人本身状态的传感器，可以检测工业机器人内部各关节的位置、速度、加速度、受力等变化情况，为闭环伺服控制系统提供反馈信息。或者说，内部传感器可以用于检测机器人的自身状态，如检测机器人执行机构的速度、姿态和空间位置等。

内部传感器主要有陀螺仪（用来控制工业机器人的平衡与稳定性）、位置传感器（用来测量工业机器人的自身位置）、位移传感器（含角位移传感器，用来测量物体运动的连

续变化量)、速度传感器(含角速度传感器,分为线速度传感器和角速度传感器两种)、加速度传感器(用来感受物体加速度变化的传感器)、力和力矩传感器(一种将力信号转变为电信号输出的传感器)。

② 外部传感器。外部传感器用于检测工业机器人与周围环境之间的一些状态变量(如物体大小、形状、距离、颜色、运动状况、接近程度和接触情况等),可以引导工业机器人识别物体并作出相应处理。外部传感器可使工业机器人以灵活的方式对环境作出反应,赋予其一定的智能。或者说,外部传感器用于检测操作对象和作业环境,如检测工业机器人抓取到的物体的形状、物理性质,以及检测周围环境中的障碍物。根据工作需要,有时还需要检测并分析周边气味和声音。总之,外部传感器是根据工业机器人的具体工作要求设置的,不同工作任务的工业机器人具有不同的外部传感器。

常用的外部传感器主要有视觉传感器、距离传感器、触觉传感器、力觉传感器等。

6.3.4 工业机器人的发展趋势

1. 提高工业机器人的智能化程度

工业机器人是先进制造业的代表,提高工业机器人的智能化程度可以提高其工作能力和使用性能,推动制造业向真正无人化、自动化、智能化的目标前进。智能化是工业机器人发展的大趋势,目前正在推进将人工智能与工业机器人结合的研究。

2. 云机器人将实现工业机器人的跨越式发展

云机器人是云计算与工业机器人的结合。就像其他网络终端一样,工业机器人本身无须存储所有资料信息或具备超强的计算能力,只要对云端提出需求,云端就会响应并满足需求。云机器人的发展及工业机器人云平台将会成为工业机器人的发展趋势。

3. 协作机器人成为工业机器人的重要创新方向

制造业网络化、智能化发展趋势显著,在更加复杂的离散型场景中,安全的人机协作需求不断增长,以完成更精确、更灵活的工作。传统的工业机器人需要在隔离环境中作业,极大地限制了工业机器人的应用效果和应用场景。随着智能制造技术的成熟,工业机器人的生产力和可靠性大幅提升,推动更加适应智能制造应用场景的协作机器人产业发展。

4. 突破工业机器人领域的核心技术

我国制造业和工业机器人面临诸多挑战,有些关键技术还没有突破,缺乏关键技术的积累;同时配套能力不够强大,如高端芯片、操作系统、控制系统、减速器、伺服电动机、精密加工技术等都需要依赖进口,导致产品成本过高、利润不足,大量工业机器人企业发展缓慢。因此,必须尽快突破制约我国工业机器人发展的关键技术瓶颈。

6.4 工业机器人在智能制造中的应用

将工业机器人应用在机械制造领域,不仅可以减少人工成本、降低劳动强度、提高产品生产过程的自动化和智能化程度、提高产品的质量，而且可以大幅提高劳动生产率、降低产品成本。特别是在具有各种环境污染的条件下，自动化、智能化的工业机器人更有其不可替代的地位。

工业机器人在机械制造领域中的应用日益广泛。目前，工业机器人已经大量应用于汽车制造、机械加工、电工电子等领域，也正在朝家电、石化、服装、食品、橡胶、轨道交通等领域拓展。

工业机器人既可以在生产中单独使用，又可以在自动化生产线中批量使用。在现代社会中，有大批量的产品生产模式，也有小批量、多品种的产品生产模式。小批量、多品种的产品生产模式逐渐成为发展方向，这种生产模式对制造系统的柔性化要求越来越高，因此工业机器人在柔性化生产中的地位也越来越重要。

6.4.1 搬运、上下料及码垛机器人

1. 搬运机器人

搬运机器人是指把产品从一个位置搬运到另一个位置的机器人，它是动作较为简单的一种机器人，拥有很高的性价比和工作效率，能代替繁重的人工劳动（如机械加工设备的上下料）。搬运机器人可以在固定位置搬运，也可以移动式搬运，这取决于搬运距离。

搬运机器人搬运动作稳定、定位精度高、柔性好、适应性强，不但能提高劳动生产率，而且特别适合特殊环境下的物体搬运。

搬运机器人的种类很多，常见的有关节式搬运机器人［图 6.32(a)］、龙门式搬运机器人［图 6.32(b)］、摆臂式搬运机器人［图 6.32(c)］、连杆机构式搬运机器人［图 6.32(d)］等。

更换搬运机器人的末端执行器，可以使其搬运不同类型的物体，动作节拍、搬运速度及位置可随时调整。因此，搬运机器人在现代化的工业生产中得到了广泛应用。

2. 上下料机器人

工业机器人可用于机床的上下料。上下料机器人主要实现机床加工过程的全自动化，并且采用集成加工技术，以实现对盘类、轴类及板类等工件的自动上料、下料、翻转等操作。上下料机器人不是依靠机床的控制器进行控制的，而是采用独立的控制模块，不会影响机床的运行，可以满足不同种类产品的生产。

工业机器人与机床结合不仅提高了自动化生产水平，而且提升了工厂的生产效率与竞争力。机械加工上下料需要重复持续地工作，并且要求工作的一致性和准确性，而员工进行上下料是没有办法持续工作的，其一致性和准确性也较差，所以使用上下料机器人代替人工工作十分可行，既能提高工作效率又能稳定产品质量，还能大大降低人工劳动强度。

这里提及的上下料机器人主要针对机床加工零件的上下料，其工作要比搬运机器人复杂，这类机器人通常采用关节式搬运机器人。图 6.33(a) 所示为数控机床上下料机器人，图 6.33(b) 所示为冲压机床上下料机器人，上下料机器人的位置精度、路径轨迹规划比搬运机器人更加精密。

【拓展视频】

(a) 关节式搬运机器人

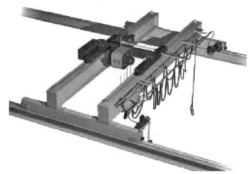

(b) 龙门式搬运机器人

(c) 摆臂式搬运机器人

(d) 连杆机构式搬运机器人

图 6.32　搬运机器人

(a) 数控机床上下料机器人

(b) 冲压机床上下料机器人

图 6.33　上下料机器人

3. 码垛机器人

码垛机器人与搬运机器人的结构和功能类似，只是工作空间更大，更适合码垛的要求。在工业生产中，经常把搬运与码垛功能结合，形成搬运码垛机器人。码垛机器人的末端执行器与搬运机器人的末端执行器类似。图6.34所示为码垛机器人及其末端执行器。码垛机器人的末端执行器可根据物料的尺寸及形状进行设计或选择。

【拓展视频】

(a) 码垛机器人   (b) 码垛机器人的末端执行器

图6.34 码垛机器人及其末端执行器

6.4.2 焊接机器人

焊接是指通过加热或加压的方式将金属或其他材料固定连接起来的制造工艺。焊接场所的环境十分恶劣，焊接时会产生强弧光、高温、烟尘及电磁干扰等，会对人体造成烧伤、触电、眼睛损伤、有毒气体吸入、紫外线过度辐射等严重危害。采用焊接机器人不仅可以改善工作环境、避免人员受到伤害，还可以实现连续工作、提高工作效率、改善焊接质量。

焊接机器人是一种应用广泛的自动化焊接设备。使用工业机器人完成一项焊接任务时，仅需完成一次示教，工业机器人就能准确地再现示教的步骤并进行焊接，并且焊缝均匀、焊接质量高，减轻了工人的劳动强度，特别适合在极限环境下工作，如深水焊接、太空焊接、核设施环境焊接等人工难以完成的场合。在我国，60%的工业机器人应用于汽车制造业，其中50%以上为焊接机器人；在发达国家，汽车工业机器人占工业机器人总保有量的53%以上。

常用的焊接机器人有点焊机器人、弧焊机器人和激光焊接机器人等。

1. 点焊机器人

由于点焊机器人的受控运动方式是点位控制型，只在目标点上完成操作，控制相对简单，因此对其工作控制精度要求较低。点焊机器人主要应用于板型工件的焊接，在汽车车体焊接中有广泛应用。图6.35(a)所示为点焊机器人。

2. 弧焊机器人

弧焊机器人的受控运动方式是连续轨迹控制型，即末端执行器按预期的轨迹和速度运动，弧焊过程比点焊过程复杂得多，要求末端执行器运动轨迹的重复精度、焊枪的姿态、焊接参数都有更精确的控制。由于弧焊机器人经常工作在焊缝短且多的场景，需要频繁引弧和收弧，因此要求其具有可靠的引弧和收弧功能。对于空间焊缝，为了确保焊接质量，还需要弧焊机器人实时调整焊接参数，因此弧焊机器人应具有及时检测故障并实时自动停车、报警等功能。图 6.35(b) 所示为弧焊机器人。

3. 激光焊接机器人

【拓展视频】

激光焊接是利用大功率激光束为热源进行的焊接，激光焊接通常有连续功率激光焊接和脉冲功率激光焊接。激光焊接具有能量密度高、变形量小、热影响区窄、焊接速度高、易实现自动控制、无后续加工等优点，是金属材料加工与制造的重要手段，越来越广泛地应用在汽车、航空航天、造船等领域。虽然与传统的焊接方法相比，激光焊接尚存在设备成本高、一次性投资大、技术要求高等问题，但激光焊接生产效率高和易实现自动控制等优点使其非常适用于大规模生产线上。图 6.35(c)所示为激光焊接原理示意图，图 6.35(d) 所示为激光焊接机器人。

(a) 点焊机器人

(b) 弧焊机器人

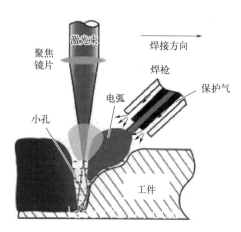

(c) 激光焊接原理示意图

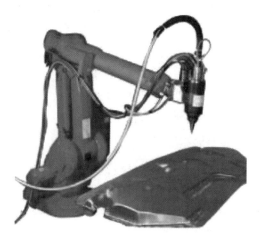

(d) 激光焊接机器人

图 6.35 焊接机器人

因焊接机器人的主体部分要求动作灵活，故一般采用 3 个自由度的机械本体机构和 3 个腕关节自由度的关节式机器人结构。

6.4.3 喷涂机器人

汽车车体、家电产品及家具等都涉及表面喷涂技术，很多喷涂材料都含有有害、有毒或易燃、易爆物质，可能对喷涂工人的身体造成健康损害。在现代社会中，利用喷涂机器人代替人工工作已经成为喷涂业的发展趋势。喷涂机器人大多采用串联关节式机器人，其末端执行器为自动喷枪。自动喷枪安装在 2～3 个自由度的球形腕关节上，不仅动作灵活，而且可以防爆。如图 6.36（a）所示为喷涂机器人为仪器外壳喷漆，如图 6.36（b）所示为喷涂机器人在生产线上为汽车壳体喷漆。由于喷涂工作环境比较恶劣，因此一般将喷涂机器人安装在专用喷房内，而且各电气控制器内不能产生火花。此外，喷涂机器人中装有防爆吹扫系统，以使其具有防爆功能。喷涂机器人的结构与焊接机器人的结构类似，但其末端执行器不同。

【拓展视频】

(a) 喷涂机器人为仪器外壳喷漆　　　　　　　　(b) 喷涂机器人在生产线上为汽车壳体喷漆

图 6.36　喷涂机器人的应用

6.4.4 装配机器人

装配机器人是柔性自动化装配系统的核心设备，由操作机、控制器、末端执行器和传感系统等组成。其中，操作机的结构有水平关节型、直角坐标型、多关节型和圆柱坐标型等；控制器一般采用多中央处理器或多级计算机系统，以实现运动控制和运动编程；末端执行器为适应不同的装配对象而设计成各种钳爪和腕关节等；传感系统用来获取装配机器人与环境和装配对象相互作用的信息。与一般工业机器人相比，装配机器人具有精度高、柔性高、工作范围小、能与其他系统配套使用等特点。

PUMA 机器人属于多关节型装配机器人，一般有 5～6 个自由度，具有腰、肩、肘的回转及腕关节的弯曲、旋转和扭转等功能。图 6.37（a）所示为 PUMA 机器人，其各关节在竖直面内运动。

SCARA 机器人是应用较广泛的装配机器人。图 6.37（b）所示为 SCARA 机器人，其各关节在水平面内运动。

【拓展视频】

图 6.37(c) 所示为 DELTA 并联机器人，它是一种有 3 个自由度的轻型装配机器人。

(a) PUMA机器人　　　　(b) SCARA机器人　　　　(c) DELTA并联机器人

图 6.37　装配机器人一

装配机器人在自动化生产线上有着广泛的应用，其优点如下。

(1) 装配精度高和重复定位精度高，可保证产品的装配精度，提高产品质量。

(2) 装配快，加速性能好，可缩短装配时间，提高生产效率。

(3) 减少装配工人数量，降低产品成本，提高产品的竞争力。

(4) 减轻装配工人劳动强度，改善其工作环境。

【拓展视频】

根据产品的结构、尺寸、材料等的不同特征，使用的装配机器人种类也不同。例如，图 6.38(a) 所示为汽车生产线上的装配机器人，图 6.38(b) 所示为某部件的装配机器人。

(a) 汽车生产线上的装配机器人　　　　(b) 某部件的装配机器人

图 6.38　装配机器人二

6.4.5　加工机器人

关节式机器人与传统的数控机床一样，具有多轴功能。只要使关节式机器人的控制器和编程软件具有与数控机床的数控系统相同的功能，关节式机器人就具有与数控机床相同的多轴驱动功能，即关节式机器人成为一种特殊的数控机床。

利用 Robotmaster 软件，只要把关节式机器人的末端执行器变为具有铣削、钻削、雕刻等功能的主轴系统，就能使关节式机器人成为机械加工机床。

无论是串联机器人还是并联机器人，都可以作为机械加工的操作机。将连接在腕关节上的末端执行器设计成可旋转的刀具，就可以对工件进行切削加工。切削加工机器人主要用于钻削、攻螺纹、套扣、铣削、磨削等。一般情况下，刀具由伺服电动机直接驱动。

由于加工机器人的操作机具有多个自由度，因此能加工复杂的空间曲面。加工机器人的操作机和激光发生器结合，可形成激光加工机器人。

图 6.39(a) 所示为加工机器人进行雕刻，图 6.39(b) 所示为加工机器人进行铣削；图 6.39(c) 所示为激光加工机器人。

(a) 加工机器人进行雕刻　　　　(b) 加工机器人进行铣削　　　　(c) 激光加工机器人

图 6.39　加工机器人一

串联机器人的工作空间大、加工范围大，应用更加广泛。当工作空间不大且要加工形状复杂的空间曲面工件时，可考虑采用并联机器人。图 6.40(a) 所示为 DELETA 3 自由度并联机器人，图 6.40(b) 所示为 STERWART 6 自由度并联机器人。

(a) DELETA 3自由度并联机器人　　　(b) STERWART 6自由度并联机器人

图 6.40　加工机器人二

加工机器人不但可以用来钻孔、铣削、攻螺纹、去毛刺等切削加工工艺，而且适合加工多种材料，如铝、不锈钢、复合材料、树脂、木材、玻璃和铜等。

工业机器人产品已经系列化、标准化。在生产实践中，我们可根据要求选用不同的工业机器人。国内有很多工业机器人生产公司，但具有自主知识产权的不多，目前正处于快速发展中。

工业机器人在智能制造领域的应用非常广泛，其在各领域的应用占比如图 6.41 所示。

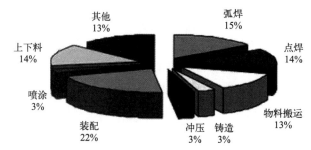

【拓展视频】

图 6.41　工业机器人在各领域的应用占比

本 章 小 结

（1）工业机器人由操作机、驱动器、控制系统三部分组成。

（2）操作机也称机械系统，是工业机器人的主体或工业机器人的主机。

（3）工业机器人按结构可分为直角坐标机器人、圆柱坐标机器人、球坐标机器人和关节机器人。

（4）工业机器人按作业用途可分为搬运机器人、码垛机器人、焊接机器人、喷涂机器人、装配机器人、加工机器人等。

（5）工业机器人按驱动方式可分为液压驱动、气压驱动和电机驱动三种。

（6）串联机器人一般由底座、腰部、大臂、小臂和腕部组成，分别对应腰关节、肩关节、肘关节和腕关节。在进行运动分析和动力分析时，常把串联机器人腕部作为机器人的末端操作器。

（7）串联机器人的机械臂由关节连接，用以完成末端执行器的工作，机械臂可以完成回转、俯仰、升降、伸缩等运动。

（8）连接机器人机械臂和末端执行器的装置称为腕关节。腕关节能提供末端执行器的三个位姿坐标，提高了末端执行器的工作灵敏度。

（9）末端执行器是机器人执行工作任务的装置，一般安装在腕关节上或直接安装在机械臂上（无腕关节）。在一般情况下，根据工作用途和结构的不同，末端执行器分为机械式末端执行器、吸附式末端执行器和专用末端执行器。

（10）常用的焊接机器人有点焊机器人、弧焊机器人和激光焊接机器人。

思 考 题

1. 工业机器人的定义是什么？

2. 操作机的定义是什么？

3. 工业机器人由哪几部分组成？

4. 工业机器人的位置和姿态的含义是什么？

5. 工业机器人按结构可以分为几种？

6. 工业机器人按作业用途可以分为几种？

7. 工业机器人按驱动方式可以分为几种？

8. 工业机器人按各构件之间的连接方式可以分为几种？

9. 串联机器人的操作机由哪几部分组成？

10. 工业机器人的末端执行器有什么作用？

11. 试述工业机器人在智能制造领域中的应用。

第 **7** 章

智能制造装备：
迈向智能时代

河钢集团唐钢公司（以下简称"唐钢"）处在行业前沿，融合互联网、大数据、5G等技术，探索并建设了覆盖全生产流程的智能制造体系，从自动装铁到一键炼钢，从自动出钢到无人天车系统，唐钢从钢铁企业智能化建设需求出发，不断加大科研力度，将智能制造融入生产与质量管控的全过程，实现了生产过程与质量管控全覆盖、全面支撑定制化的生产组织模式，产线数字化和智能化控制水平都达到了行业领先。何时进行铁包调度？如何缩短装铁时间？如何追溯每块钢材的"前世今生"？唐钢的智能制造体系使钢铁生产过程智能化成为现实。

【拓展视频】

【拓展视频】

1. 了解智能制造装备概述
2. 掌握智能机床
3. 掌握数控机床
4. 熟悉增材制造
5. 了解智能化生产线与智慧工厂

7.1 智能制造装备概述

智能制造融合先进的制造技术和信息技术，将整个生产主体由人工转为机器，贯穿于制造业的研发、生产、运营、管理、售后服务等环节。简单地说，满足智能制造过程的装备称为智能制造装备。完整论述时，智能制造装备是指具有感知、分析、推理、决策、控制等功能的制造装备，它是先进制造技术、信息技术、智能技术的集成与深度融合。

7.1.1 智能制造标准体系结构

推进高档数控机床与基础制造装备，自动化成套生产线，智能控制系统，精密和智能仪器仪表与试验设备，关键基础零部件、元器件及通用部件，以及智能专用装备的发展，实现生产过程自动化、智能化、精密化、绿色化，带动工业整体技术水平的提升是我国智能制造装备的发展方向。根据《国家智能制造标准体系建设指南（2021 版）》，智能制造标准体系结构图如图 7.1 所示。

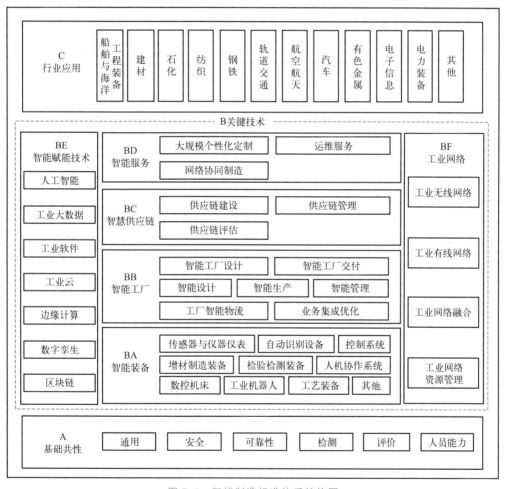

图 7.1　智能制造标准体系结构图

7.1.2 智能制造装备的分类

由于智能制造装备是近年来快速发展的制造装备，因此其分类方法还没有一个完整和统一的说法。但大部分科技人员倾向于把数控机床、工业机器人、增材制造装备、智能传感与控制装备、智能监测与装配装备、智能物流与仓储装备列入智能制造装备范畴，如

图 7.2 所示。

数控机床　具有数字控制系统，可自动化控制加工过程，实现高精度、高效率的加工

工业机器人　能够完成自动化、智能化的生产操作，包括装配、搬运、加工、焊接等

增材制造装备　基于离散-堆积原理，由零件三维数据驱动直接制造零件的科学技术体系，包括快速原型、快速成形、快速制造、3D打印等

智能传感与控制装备　通过物联网、云计算等技术，实现无线传输、信息采集、数据处理等功能，并对生产计划、物料管理、质量控制、设备维护等方面进行智能化控制和优化

智能监测与装配装备　包括视频监控、智能分析、安防等设备，可以实现对生产现场、设备运行状态等方面的实时监控和预警

智能物流与仓储装备　包括自动化搬运车、自动化仓储系统等，可以提高物流效率，减少人工干预

图 7.2　智能制造装备

我国智能制造装备的复杂程度不断提升，并将朝自动化、集成化、信息化方向发展，具体表现如下：智能制造装备将实现生产过程的高度自动化，对生产对象和生产环境有一定的适应性，可以优化生产过程；硬件、软件与应用技术将实现深度集成，生产设备与智能网络实现高度互联，并通过人工智能技术使智能制造装备性能不断升级；信息技术与先进制造技术实现深度融合，提高制造装备功能的复杂度，增强制造装备的信息交互、自我学习的能力，使智能制造装备能胜任大型、复杂生产场景的操作和信息整合。

7.2　数控机床与智能机床

机床是机械制造业的"工业母机"，其智能化程度对智能制造的实施有重要影响。提高机床的智能化水平不仅是机床行业面临的转型升级的紧迫需求，而且是打造制造强国的关键和基础。在传统数控机床的基础上，智能机床在硬件、软件、交互方式、控制指令、知识获取等方面都有很大进步。

7.2.1　机床发展阶段简介

从金属加工机床诞生到智能加工机床出现，经历了以下三个阶段。

第一阶段是 1930—1960 年从手动机床向机—电—液高效自动化机床和自动线发展，主要解决了减少体力劳动的问题。

第二阶段是 1952—2006 年数控机床的发展，解决了减少体力和部分脑力劳动的问题，同时提高了产品质量和劳动生产率，降低了产品成本。

第三阶段是 2006 年开发出智能机床。智能机床的加速发展，进一步解决了减少体力劳动与脑力劳动的问题，对提高产品质量和劳动生产率、降低产品成本、缩短产品生产周期有重大作用。

智能机床的出现为未来装备制造业实现全盘生产自动化创造了条件。首先，智能机床可通过自动抑制振动、减小热变形量、防止干涉、自动调节润滑油油量、减少噪声等来提高机床的加工精度和工作效率。其次，对于进一步发展集成制造系统来说，单个机床自动化水平提高后，人在管理机床方面的工作量可以减少，人能有更多的时间和精力解决复杂的问题，进一步发展智能机床和智能系统。数控系统的开发创新对机床智能化起到极其重要的作用，它能够储存、分析、处理、判断、调节、优化、控制信息，还具有工夹具数据库、对话型编程、刀具路径检验、工序加工时间分析、开工时间状况解析、实际加工负荷监视、加工导航、调节、优化及适应控制等功能。

7.2.2 数控机床的概念

通过数字信息控制机床运动及加工的机床称为数控机床。因数控机床的输入处理、插补运算、控制功能等均由专门的固定组合逻辑电路实现，故又称硬线数控装置。若想改变数控机床的功能，则必须改变其逻辑电路。传统的数控系统是以电路板构建的电子设备，用离散的数字信息控制机械运行的装置只能由操作者自己编程，因此，数控机床的数控系统通用性、灵活性差，制造周期长，成本高，不便开发。

如果采用微型计算机或微处理器作为数控系统，以数控系统程序实现对数控机床加工过程的控制，则该数控机床称为计算机数控（computer numerical control，CNC）机床。这是一种装有数控程序控制系统的自动化机床，该控制系统能够有逻辑地处理具有控制编码或其他符号指令规定的数控程序，并将其译码，从而使数控机床按指令运动并进行加工。

以计算机为核心的数控系统又称软线数控装置。这种数控装置的硬件电路是由小型/微型计算机加上通用/专用大规模集成电路制成的。CNC 机床的主要功能几乎全部由系统软件实现，而修改或增减系统功能时无须变动硬件电路，只需改变系统软件即可。

新型的数控机床一般都是 CNC 机床，有专门对应的 CNC 编程语言，而不再使用数字信息控制。但是，在驱动器开发方面，CNC 机床依旧采用数字控制模式，通过数字信息控制电动机的运行。

7.2.3 CNC 机床的组成

CNC 机床主要由 CNC 系统、伺服系统和机械系统组成，如图 7.3 所示。

（1）CNC 系统。

CNC 系统主要由输入设备、输出设备、CNC 装置、可编程逻辑控制器（programmable logic controller，PLC）等组成，如图 7.4 所示。例如，键盘、磁盘机、RS-232 接口、网络接口等是典型的输入设备，显示器等是典型的输出设备。CNC 系统的功能有：输入数控程序、数控程序编译、刀具半径补偿、刀具长度补偿、刀具运动轨迹插补计算等。

CNC 装置是 CNC 系统的核心，主要包括计算机系统、位置控制板、PLC 接口板、通

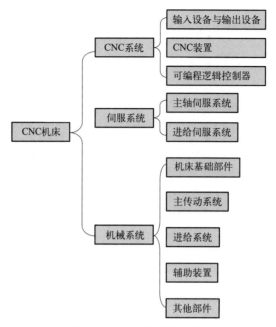

图 7.3　CNC 机床的组成

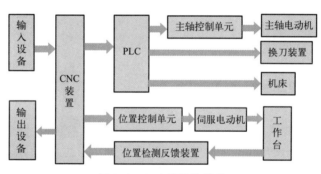

图 7.4　CNC 系统的组成

信接口板及相应的控制软件。

　　PLC 是一种以微处理器为基础的通用性自动控制装置，已经成为 CNC 机床不可缺少的控制装置。若 PLC 与 CNC 机床综合在一起，则形成内装型（集成型）PLC，此时 PLC 成为 CNC 机床的组成部分；若 PLC 独立于 CNC 机床来实现其顺序控制功能，则形成外装型 PLC。

　　根据零件加工图样和工艺要求编制零件加工程序并输入 CNC 系统，CNC 系统对数控加工程序进行译码、刀具半径补偿处理、刀具运动轨迹插补计算，PLC 协调 CNC 机床刀具与工件的相对运动，从而实现对零件的自动加工。

　　（2）伺服系统。

　　伺服系统是 CNC 装置和机床之间的联系环节，它把 CNC 装置的微弱指令信号放大为控制驱动装置的大功率信号，从而实现对机械运动的控制。CNC 机床的伺服系统主要有两种：一种是主轴伺服系统，它控制主轴的切削运动，以旋转运动为主；另一种是进给伺服系统，它控制各坐标轴的切削进给运动，以直线运动为主。

① 主轴伺服系统：控制机床主轴切削运动的速度，必要时控制机床主轴的角位移；主要由主轴控制单元、主轴电动机、测量反馈装置等组成。

② 进给伺服系统：主要由位置控制单元、伺服电动机、驱动控制系统、位置检测反馈装置等组成；CNC 装置发出的指令信号与位置检测反馈信号在位置控制单元中进行比较并生成位移指令，经功率放大后控制伺服电动机的运转，通过机床的传动系统带动刀具运动。

（3）机械系统。

机械系统主要由机床基础部件、主传动系统（主轴部件）、进给系统、自动换刀装置及辅助装置等组成。图 7.5 所示为数控车床的机械系统。

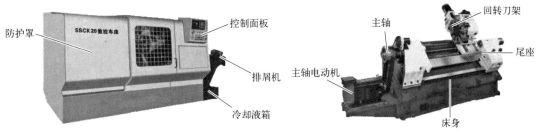

图 7.5 数控车床的机械系统

① 机床基础部件：包括床身、底座、立柱、滑座、工作台等，用于支撑机械部件，并保证这些机械部件在切削过程中的精确位置。

② 主传动系统：用于实现主运动。

③ 进给系统：用于实现进给运动。

④ 辅助装置：包括液压、气动、润滑、冷却、防护、排屑等装置，用于实现某些部件的动作和某些辅助功能。

⑤ 其他部件：用于实现工件回转、分度定位的装置和附件，如回转工作台、刀库、刀架、自动换刀装置、自动托盘交换装置等。特殊功能装置有刀具破损检测、精度检测和监控装置等。其他部件按 CNC 机床的功能和需要选用。

7.2.4 CNC 机床的控制方式

CNC 机床有三种控制方式：开环控制、闭环控制和半闭环控制。

（1）开环控制。

没有反馈控制结果的控制方式称为开环控制。

开环控制的 CNC 机床没有检测装置和反馈电路，CNC 装置输出的进给指令经驱动电路进行功率放大，从而直接控制驱动装置的运动，如图 7.6 所示。这种控制方式控制简单、价格较低，广泛应用于经济型 CNC 机床中。

（2）闭环控制。

将反馈控制结果与希望值进行比较，根据其误差调整 CNC 机床的控制方式称为闭环控制，如图 7.7 所示。其原理是将反馈检测装置安装在机床工作台上，以检测机床工作台

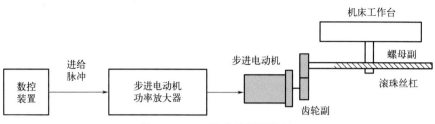

图 7.6　CNC 机床的开环控制

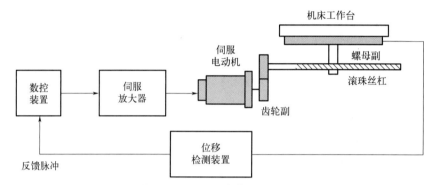

图 7.7　CNC 机床的闭环控制

的实际运行位置（直线位移），并将其与 CNC 装置计算出的指令位置（或位移）进行比较，用差值进行调整。这种控制方式的位置控制精度高；但它将滚珠丝杠、螺母副及机床工作台等连接环节放在闭环内，这会导致整个系统的连接刚度变差。

（3）半闭环控制。

半闭环控制是在开环控制的伺服机构中安装位移检测装置，通过检测伺服机构中的滚珠丝杠转角来间接检测移动部件的位移，然后将其反馈到 CNC 装置的比较器中，并与输入原始指令位移值进行比较，用比较后的差值进行调整，使移动部件补充位移，直到差值消除为止的控制方式，如图 7.8 所示。因为半闭环控制将移动部件的滚珠丝杠、螺母副及机床工作为不包括在闭环内，所以其误差仍会影响移动部件的位移精度。半闭环控制调试和维修方便、稳定性好，应用比较广泛。半闭环控制的伺服机构的精度、速度和动态特性优于开环控制伺服机构的这些特性，适用于大多数中、小型 CNC 机床。

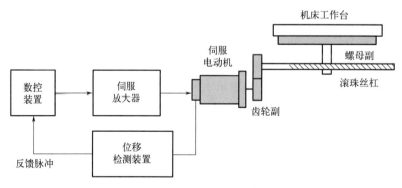

图 7.8　CNC 机床的半闭环控制

7.2.5 CNC 机床的特点

与普通机床相比，CNC 机床具有以下特点。

（1）加工适应性强。

更换 CNC 机床的加工零件时，只需重新编写程序或者更换程序即可实现 对新零件的加工。CNC 机床能完成形状复杂的零件加工，特别是加工可用数 学方程式和坐标点表示的形状复杂的零件。CNC 机床的生产准备周期短，有 利于机械产品更新换代。

（2）加工精度高且质量稳定。

由于同一批零件使用同一机床、同一刀具、同一加工程序进行加工，因此刀具的运动 轨迹完全相同；而且由于 CNC 机床根据数控程序自动进行加工，因此可以避免人为误差。

（3）生产效率高。

CNC 机床无须一直进行手动操作，而是主要通过程序对数控机床进行控制（如自动 换刀、自动变速等）的，有效节省了机动工时，使辅助时间缩短；而且无须进行工序间的 检验与测量，比普通机床的生产效率高 3～4 倍，甚至更高。

（4）自动化程度高且劳动强度轻。

CNC 机床的工序集中，可一机多用。特别是带自动换刀装置的 CNC 机床，在一次装 夹的情况下，其几乎可以完成零件的全部加工工序，可以代替数台普通机床。CNC 机床 能自动连续加工，直至零件加工完毕，简化了工人的操作，使工人的劳动强度降低；但对 工人的技术水平和文化知识要求较高。

7.2.6 数控系统智能化的要求

在"工业 4.0"及"互联网＋"的背景下，数控系统的未来发展出现了新的变化，更 多的竞争将会聚焦在如何利用互联网的优势上，数控系统的计算能力将得到无限扩展。

从制造技术方面看，数控系统的智能化体现在图 7.9 所示的四个方面：操作智能化、

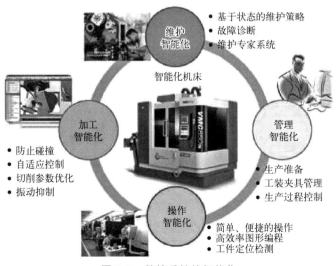

图 7.9 数控系统的智能化

加工智能化、维护智能化和管理智能化。

机床在加工过程中采用各种传感器，借助实时监控和补偿技术来提高机床的性能，实现主轴抑振、智能防碰撞等功能。例如，我国通用技术沈阳机床研发的 i5 智能数控机床在保证切削过程振动最小化的同时，提高了加工精度平口切削稳定性。

1. 基于云平台的数控系统

在云计算的基础上，德国斯图加特大学提出全球本地化云端数控系统，其概念如图 7.10 所示。传统数控系统的人机界面、数控核心和 PLC 都移到云端，本地仅保留机床的伺服驱动和安全控制，在云端增加通信模块、中间件和以太网接口，通过路由器与本地数控系统通信。这样，每台机床都有数字孪生机床，可在云端进行机床的配置、优化和维护，极大地方便了机床的使用，实现了控制器即服务 CaaS（control as a service）。机床的数字孪生可在多个信息域同时存在，有多个数字孪生体，在产品设计阶段起到方案论证、结构和功能验证及性能参数优化的作用；在构建工厂的规划阶段参与完成布局规划、系统优化模拟仿真等工作；在运行阶段进行加工状态判断和预测，实现机床的智能控制和预防性维护，直到产品报废。

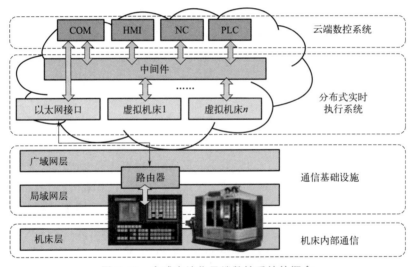

图 7.10 全球本地化云端数控系统的概念

2. 互联网数控系统及其生态系统

在互联网条件下，数控系统必须成为能够产生数据透明的智能终端，使制造过程及产品生命周期数据透明。通过智能终端的数据透明，实现制造过程的透明，这样不仅方便加工零件，而且可以产生服务于管理、财务、生产、销售的实时数据，实现设备、生产计划、设计、制造、供应链、人力、财务、销售、库存等一系列生产和管理环节的资源整合与信息互联。

我国通用技术沈阳机床研发的 i5 智能数控机床率先建立了机床生态。图 7.11 所示为 i5 智能数控机床的数据产生及应用，其可实时在线为管理过程提供精准的数据依据。

图 7.12 所示为基于 iSESOL（i-Smart Engineering & Services Online，智能工程在线

生产人员

管理人员

操作人员

加工零件
产生数据

图 7.11 i5 智能数控机床的数据产生及应用

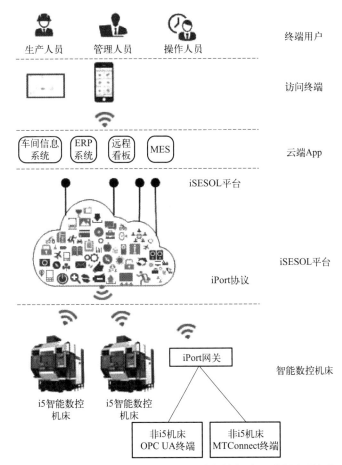

图 7.12 基于 iSESOL 平台实现的智能数控机床互联网应用框架

服务）平台实现的智能数控机床互联网应用框架，是通用技术沈阳机床旗下公司研发的云制造平台。所有 i5 智能数控机床都通过 iPort 协议接入 iSESOL 平台网络，非 i5 机床（如

OPC UA 终端或者 MTConnect 终端）可以通过 iPort 网关接入 iSESOL 平台网络。类似企业资源计划（ERP）系统、制造执行系统（MES）、远程看板等云端 App 通过 iSESOL 平台聚合的实时数据和访问接口实现对远程设备的统一访问。iSESOL 平台提供针对不同设备的数据字典统一映射不同设备的访问方式，云端 App 只需通过标准的服务或者参数命名即可订阅各类事件和数据信息，实现统一的设备访问。终端用户可以通过不同的终端安装云端 App 实现对设备的各类互联网应用。利用该平台，有产能需求的用户无须购买设备即可快速获得制造能力。通过这种方式，产能提供方可以利用闲置产能获得收益，产能需求方能以较低的成本获得制造能力，双方通过分享实现利益最大化。这种方式将会成为制造业"互联网＋"的发展方向。

机床的数控系统智能化与网络化是大势所趋，基于 CPS 引导智能数控系统发展，通过网络、平台从整个系统的视角实现数控机床的智能化。

未来的数控系统将会越来越多地将互联网的影响渗透到制造环节，通过数据的累积、传输和挖掘，越来越多的智能化制造会诞生，透明化和分享化将会为制造业带来翻天覆地的变革。

国外多家公司在智能数控机床的研究领域都有新进展，日本的山崎马扎克（MAZAK）认为，智能数控机床能对自己进行监控，可自行分析众多与机床加工状态、环境有关的信息及其他因素，然后自行采取应对措施来保证最优化的加工。换句话说，智能数控机床进化到可发出信息并自行进行思考。大隈（OKUMA）株式会社认为，智能数控机床应具备"思想"，可以在不受人为的干预下，对变化情况作出聪明的决策。发那科（FANUC）株式会社通过收集智能数控机床和其他设备复杂的基本数据而提供富有洞察力的、可指出原因的分析方法，它还提供一套远程诊断工具，从而使不出现故障的平均时间最长、修理时间最短。

瑞士米克朗（Mikron）集团的智能数控机床的高级工艺控制系统是为高性能和高速切削而开发的一套监视系统。该系统可以建立用户和机床之间的通信，使用户能观察和控制切削加工过程，将切削加工过程变得更透明，控制更方便。无线通信系统模块开启了通信和灵活性的新纪元。通过这一系统，用户能接收米克朗加工中心的运行情况信息。通过移动电话的短信形式，用户可以知道机床的操作状态和程序执行状态。通过易用的用户界面，用户可以方便地设定目标尺寸、转速、精度和表面粗糙度及工件质量和加工复杂度等参数，并能随时修改。

我国通用技术沈阳机床成功研制出全球首台 i5 智能数控机床，一举打破了西方国家在高端机床领域的长期垄断。这台被誉为"机床界黑科技"的智能设备，犹如一位全能工匠，具备自主思考、学习和制造的能力。它的问世不仅标志着中国在机床领域实现了从追随到引领的跨越，而且预示着全球制造业格局将发生深刻变革。

广东原点智能技术有限公司研发的五轴激光数控机床采用五轴联动的方式和专用 CAM 软件，突破了复杂结构刀具端刃和侧刃之间的平滑过渡连接，以及轮廓间的圆弧过度连接的算法开发技术瓶颈，同时解决了 CAM 软件和激光加工机床的深度连接难题。例如，在 3C 数码、大型电子器件等生产制造领域，需要使用大量精密刀具对外壳、屏幕等材料进行切割。这些 3C 材料大多是高精合金，硬度高、脆度高，需要切割的形状大多是三维复杂形状，传统的普通刀具难以做到有效切割，只有精密的具有五轴联动功能的激光加工数控机床才可以胜任。这项工艺可实现对超硬材料的三维复杂轮廓加工，做到复杂曲面一次加工成形，刃口尺寸精度可小于 $3\mu m$，表面粗糙度可小于 $0.2\mu m$。

推进高档智能数控机床与基础制造装备，自动化成套生产线，智能数控系统，精密和智能仪器仪表与试验设备，关键基础零部件、元器件及通用部件，智能专用装备的发展，实现生产过程的自动化、智能化、精密化、绿色化，以及带动工业整体技术水平的提升，是发展智能制造装备的主要手段。

7.2.7 智能机床的发展

随着人工智能技术的发展，为了满足制造业生产柔性化、制造自动化的发展需求，智能机床的智能化程度不断提高，具体体现在以下方面。

（1）加工过程自适应控制技术。

通过监测加工过程中的切削力、主轴和进给电动机的功率、电流、电压等信息，利用算法进行识别，以辨识刀具的受力、磨损、破损状态及机床加工的稳定性状态，并根据这些状态实时调整加工参数（如主轴转速、进给速度等）和加工指令，使设备处于最佳运行状态，从而提高加工精度，降低加工表面粗糙度，提高设备运行的安全性。

（2）加工参数的智能优化与选择。

将工艺专家或技师的经验、零件加工的一般规律与特殊规律采用现代智能方法构造基于专家系统或基于模型的加工参数的智能优化与选择器，来获得优化的加工参数，达到提高编程效率和加工工艺水平、缩短生产准备周期的目的。

（3）故障自诊断与自修复技术。

根据已有故障信息，应用现代智能方法实现故障的快速、准确定位。

① 故障回放和故障仿真技术。

该技术能够完整记录智能机床的各种信息，对智能机床发生的各种错误、事故进行回放和仿真，以确定引起错误的原因，并找出解决问题的方法，积累生产经验。

【拓展视频】

② 智能化的交流伺服驱动装置。

智能化的交流伺服驱动装置包括智能主轴交流驱动装置和智能进给伺服装置。这种装置能自动识别伺服电动机及负载的转动惯量，并自动对控制系统参数进行优化和调整，以获得最佳运行状态。

③ 智能"4M"数控系统。

在制造过程中，加工、检测一体化是实现快速制造、快速检测和快速响应的有效途径，将"4M"测量（measuring）、建模（modeling）、加工（manufacturing）、机器操作（manipulating）融合在一个数控系统中实现信息共享。

7.2.8 智能机床的概念

智能机床是对制造过程能够作出决策的机床。智能机床了解制造的整个过程，能够监控、诊断和修正生产过程中出现的各类偏差，并且为生产的最优化提供方案。此外，智能机床能计算出切削刀具、主轴、轴承和导轨的剩余使用寿命，让使用者清楚其剩余使用寿命和替换时间。

　　智能机床作为基于因特网的智能终端，实现了操作、编程、维护和管理的智能化，是一种以因特网为载体，以用户为中心，以人、机、物有效连接为目标的新型智能加工设备。

　　智能机床是在新一代信息技术的基础上，将人工智能技术和先进制造技术深度融合的机床，它利用自主感知与连接获取机床、加工、工况、环境有关的信息，通过自主学习与建模生成知识，并能应用这些知识进行自主优化与决策，以完成自主控制与执行，实现加工制造过程的优质、高效、安全、可靠和低耗等多目标优化运行。利用新一代人工智能技术赋予机床对知识的学习、积累和运用能力，人和机床的关系发生了从"授之以鱼"到"授之以渔"的根本性转变。智能机床的主要特征是将新一代人工智能技术融入数控机床，赋予机床学习的能力，可生成并积累知识。

　　图 7.13(a) 所示为普通卧式车床，图 7.13(b) 所示为智能卧式车床。从其组成情况可以看出，普通卧式车床不智能化，智能卧式车床则具备智能的硬件及软件。

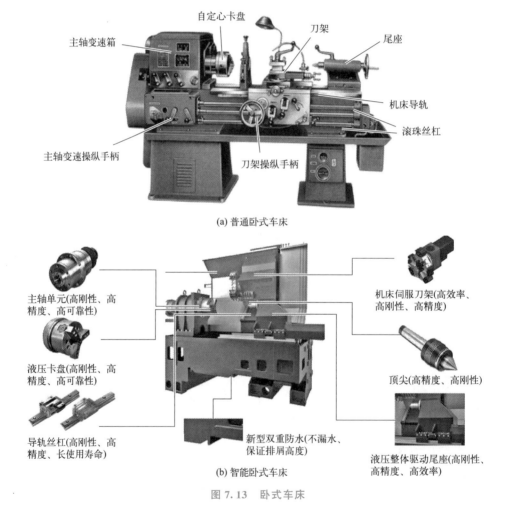

(a) 普通卧式车床

(b) 智能卧式车床

图 7.13　卧式车床

　　图 7.14 所示为智能卧式车床的闭环加工系统。智能机床通过其高精度、高效率等特

点，以及能够减少人力成本的优势，在机械加工领域中发挥着重要作用，是现代制造业不可或缺的关键设备。

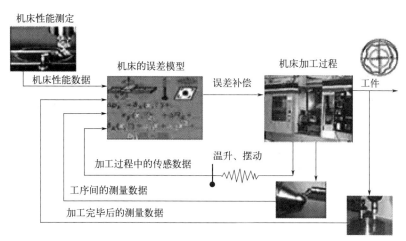

图 7.14 智能卧式车床的闭环加工系统

智能机床的配置包含物料输送系统、上下料系统、视觉检测定位系统、复合加工区组成系统，能实现自动上下料及车削、镗削、铣削、钻孔、铰孔、攻螺纹等复杂工序的一次性加工。所以，智能机床将成为未来制造业的重点设备。

不同智能机床的功能千差万别，但智能机床都追求高精度、高效率、安全、可靠、低耗。了解数控机床与智能机床后，可以看出智能机床的优点，从而为数控机床的升级提供借鉴。

机床智能化的本质在于它可以在生产服役过程中自动生成知识、积累知识并运用知识，以实现优质、高效、可靠、安全、低耗的目标。智能机床具有较好的可行性及先进性，可显著提高曲面加工表面质量和加工效率、减小进给系统轮廓误差。新一代人工智能技术在数控机床上的融合与应用，使机床从数控机床向智能机床发展。

7.2.9 智能机床的特点

智能机床是一种具有感知、决策、控制、通信、学习等功能的高端数控机床。

智能机床具有以下特点。

（1）智能化操作。

智能机床可以通过触摸屏操作整个系统，机床加工状态数据可以实时同步到移动智能终端，不管用户身在何处，只要用一台机器进行操作、管理、监测就可以实时传递和交换机床加工信息。

（2）智能化诊断。

在诊断中，传统机床反馈的是代码；智能机床反馈的是事件，它可以代替人来查找代码，帮助操作者判断问题所在，还可以监测电动机电流，为维修者提供数据，便于故障分析。

（3）智能化补偿。

智能机床综合了基于数学模型的螺距误差补偿技术，可使其定位精度达到

$5\mu m/300mm$，重复定位精度达到 $3\mu m/300mm$。

（4）智能化管理。

智能机床的数控系统与车间管理系统高度集成，用于记录机床的运行信息（如使用时间、加工进度、能耗等），为车间管理人员提供订货和计划完成情况的分析；还可通过财务系统综合机床上的材料消耗、人力成本等数据，及时汇总整个车间的运行费用。

智能机床需要依靠强大的各类传感器的支撑和配合来实现智能化，如图 7.15 所示。它基于多种超高精密传感器和多种加工情景的算法，对主轴、刀具进行保护和监测，实现设备的实时加工保护和监测、设备预防性维护及维修诊断。针对生产线无人化、少人化的特点，其与软件和硬件智能实时交互，实现自动化、柔性化生产，具有质量监控、零件追溯、设备预警、刀具管理、工艺管理等功能。

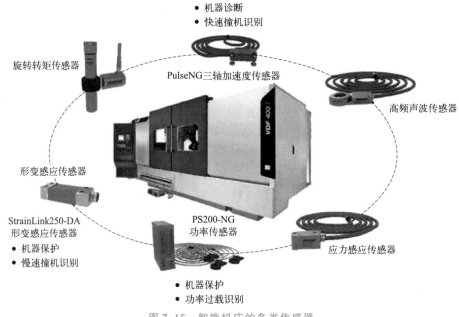

图 7.15 智能机床的各类传感器

（5）在线加工仿真。

在线加工仿真不仅可以实时模拟智能机床的加工状态，实现工艺经验数据的积累；还可以迅速响应用户提出的工艺优化请求，从因特网上获得"工艺大师"的经验支持。

（6）改善加工质量。

提高加工精度和表面质量是驱动机床发展的重要动力。智能机床具有加工质量保障和改善功能，具体包括机床空间几何误差补偿、热误差补偿、运动轨迹动态误差预测与补偿、曲面高精加工、尺寸精度与表面精度参数优化等。

（7）优化工艺。

为了提高加工效率，智能机床根据自身物理属性和切削动态特性自适应调整（如进给量优化、主轴转速优化等）加工参数，以实现特定的目的并优化加工工艺。其具体功能包括自学习、自生长加工工艺数据库、工艺系统响应建模、智能工艺响应预测、基于切削负载的加工工艺参数评估与优化、加工振动自动检测与自适应控制等。

（8）保障健康。

为了保障机床的健康，必须解决智能机床寿命预测和健康管理问题，从而实现智能机床的高效、可靠运行。智能机床具有机床整体和部件健康状态指示及健康保障功能开发工具箱，其具体功能包括主轴与进给系统智能维护、机床健康状态检测与预测性维护、机床可靠性统计评估与预测、维修知识共享与自学习等。

（9）提高管理效率。

智能机床具有生产管理功能，主要分为机床状态监控、智能生产管理和机床操控。其具体功能包括加工状态（断刀、切屑缠绕）智能判断，刀具磨损与破损智能检测，刀具寿命智能管理，刀具、夹具及工件的身份识别与状态智能管理，辅助装置低碳智能控制，等等。

7.2.10 数控机床和智能机床的区别

数控机床是一种装有程序控制系统的自动化机床。该控制系统能够有逻辑地处理有控制编码或其他符号指令规定的程序，并将其译码用代码表示，通过信息载体输入数控装置，经运算处理，由数控装置发出控制信号，从而控制机床的动作，并按图纸要求的形状和尺寸自动加工零件。数控机床增加了数控系统，人的体力劳动改由数控系统完成。

用来控制数控机床的专用计算机和通用计算机统称数控系统。数控机床的运动和辅助动作均受控于数控系统，而数控系统发出的指令是由数控程序员根据工件材料、加工技术要求、机床特性和系统规定的指令格式编制的。数控系统根据程序指令向伺服装置和其他功能部件发出运行或中断信息来控制数控机床的运动。当零件的加工程序结束时，机床自动停止工作。

若数控机床的数控系统中没有输入程序指令，则数控机床不工作。数控机床的受控动作大致包括机床的启动、停止，主轴的启停、旋转方向和转速的变换，进给运动的方向、速度和运动方式，刀具的选择、长度和半径的补偿，刀具的更换，冷却液阀的打开、关闭，等等。数控机床的诞生促进了精密制造的快速发展。

与数控机床相比，智能机床不仅具有智能化操作、智能化诊断、智能化补偿和智能化管理等功能，还具有改善加工质量、优化工艺、保障健康、提高管理效率等智能化功能。

7.3 增材制造

增材制造（additive manufacturing，AM）是基于离散–堆积原理，以粉末材料或丝材为原材料，一般采用激光束或电子束等高能量束进行熔化，并快速凝固，逐层叠加堆积，最后形成所需产品形状的制造方法。材料的熔化、凝固、堆积与成形的过程依靠产品的三维数据驱动直接制造产品的智能装置自动进行。基于不同的分类原则和理解方式，增材制造又称快速成形、快速制造、3D打印等，其内涵仍不断深化、扩展。

【拓展视频】

增材制造是相对传统的切削去材制造（又称减材制造）而言的一种加工方法，融合了计算机辅助设计（CAD）、材料加工与成形技术，以数字模型文件为基础，通过软件与数控系统将专用的金属材料或非金属材料及医用生物材料等，通过挤压、烧结、熔融、光固化、喷射等方式逐层堆积，制造出实体物品的制造技术。相对于传统的对原材料去除（切削）、组装的加工模式，增材制造是一种"自下而上"通过材料累加的制造方法，使过去受传统制造方法约束而无法实现的复杂结构件制造变为可能。

7.3.1 增材制造的工作原理

本书提及的增材制造是建立在 3D 打印工作原理基础上的加工方法，也是一种模仿打印机工作原理建立的一种快速成形的加工方法，所以下文把增材制造称为 3D 打印。

日常生活中使用的普通打印机可以打印计算机设计的平面物品。3D 打印机与普通打印机的工作原理基本相同，只是所用的打印材料不同，普通打印机的打印材料是墨粉和纸张，而 3D 打印机内装有金属、陶瓷、塑料、砂等不同的打印材料，是实实在在的原材料，打印机与计算机连接后，通过计算机控制可以一层层地叠加打印材料，最终把计算机上的蓝图变成实物。通俗地说，3D 打印机是可以打印出真实 3D 物体的设备，之所以通俗地称其为打印机，是因为其参照了普通打印机的工作原理，分层加工的过程与喷墨打印相似。

常用的 3D 打印材料有聚酰胺（尼龙）、石膏、铝、钛合金、不锈钢、镀银、镀金、橡胶等。

3D 打印的工作原理如图 7.16 所示。首先利用计算机设计出待加工零件的三维模型；然后根据工艺需求，按照一定规律将该模型离散为一系列有序的单位，通常在 Z 方向按一定的厚度进行离散，把原来的三维模型变成一系列层片；接着根据每个层片的轮廓信息输入加工参数，系统自动生成数控代码；最后一系列层片自动连接起来，得到一个完整的三维物理实体。

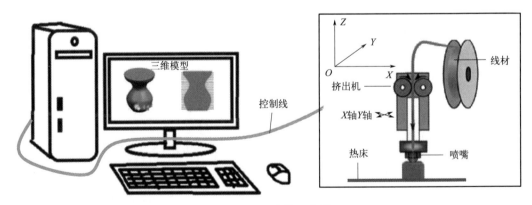

图 7.16　3D 打印的工作原理

3D 打印的具体成形过程如下：首先根据零件的横截面形状控制喷嘴沿 X 轴、Y 轴运动，线材经热熔后由喷嘴挤出，由于热熔性材料温度高于固化温度，而成形后的部分温度低于固化温度，因此能保证热熔性材料在成形后与前一层材料熔结，在紫外光源的照射下进行固化，然后打印平台沿 Z 轴下降一定高度，喷嘴打印固化下一层，如此逐层打印固化，直至零件打印完成，最后除去零件中的支撑材料即可获得所需零件。

把造型用的线材加热熔融后逐层堆积成形的增材加工法，称为熔丝沉积成形（fused deposition modeling，FDM）。FDM 使用的原材料通常为热缩性高分子材料，包括 ABS 树脂、聚酰胺、聚酯、聚碳酸酯、聚乙烯、聚丙烯等。该技术特点是成形产品精度高、表面质量好、成形机结构简单、无环境污染等；但其操作温度较高。近年来，利用 FDM 技术制备生物医用高分子材料越来越受到重视，尤其是在以脂肪族聚酯为原材料制备生物可降解支架材料方面取得了一定的进展。

7.3.2　3D 打印的工艺过程

1. 在计算机上构建产品的三维模型

由于快速成形系统是由三维模型直接驱动的，因此首先要构建所加工工件的三维模型。该三维模型可以利用 CAD 软件（如 Creo、I‑DEAS、Solid-Works、UG 等）直接构建；也可以将已有产品的二维图样转换成三维模型；还可以对产品实体进行激光扫描、CT 断层扫描，得到点云数据，然后利用逆向工程的方法构建。

【拓展视频】

2. 对构建的三维模型进行近似处理

由于产品通常有一些不规则的自由曲面，因此加工前要对三维模型进行近似处理，以便后续数据处理。由于 STL 文件格式简单、实用，因此其成为快速成形领域的标准接口文件。它是用一系列小三角形平面逼近原来的三维模型，每个小三角形都用三个顶点坐标和一个法向量描述，可以根据精度要求选择三角形的大小。STL 文件有二进制码和 ASCII（美国信息交换标准代码）两种输出形式，二进制码输出形式占用的空间比 ASCII 输出形式文件占用的空间小得多，而 ASCII 输出形式方便阅读和检查。典型的 CAD 软件都具有转换和输出 STL 格式文件的功能。

3. 对三维模型进行切片处理

根据被加工模型的特征选择合适的加工方向，在成形高度方向用一系列具有一定间隔的平面切割近似后的三维模型，以便提取横截面的轮廓信息。间隔一般为 $0.05\sim0.5\mathrm{mm}$，常取 $0.1\mathrm{mm}$。间隔越小，成形精度越高，但成形时间越长，成形效率越低；反之，成形精度越低，成形效率越高。

4. 成形加工

根据切片处理的横截面轮廓，在计算机的控制下，相应的成形头（激光头或喷嘴）按各横截面轮廓信息做扫描运动，在工作台上一层层地堆积材料，然后将各层黏结，最后得到原型产品。

5. 成形件的后处理

从成形系统里取出成形件,对其进行修整、打磨、抛光、涂挂,或放在高温炉中进行后烧结,进一步提高其强度。

7.3.3 其他快速成形技术

快速成形技术突破了毛坯—切削—工件成品的传统零件的去材加工方法,开始使用不用刀具切削的、逐层增材的堆积加工方法。快速成形方法的种类很多,比较成熟的除FDM外,还有立体光刻成形(stereo lithography apparatus,SLA)、激光选区烧结(selective laser sintering,SLS)、薄材叠层快速成形(laminated object manufacturing,LOM)、三维打印(3 dimensional printing,3DP)等。

1. 立体光刻成形

SLA 是一种成熟的快速成形技术,其工作原理与喷墨打印的工作原理类似,在数字信号的控制下,喷嘴内的液体光敏树脂瞬间形成液滴,在压力作用下喷嘴将光敏树脂喷出到指定位置,然后通过紫外光源对光敏树脂进行固化,固化后逐层堆积,从而得到成形件。图 7.17 所示为 SLA 的工作原理。

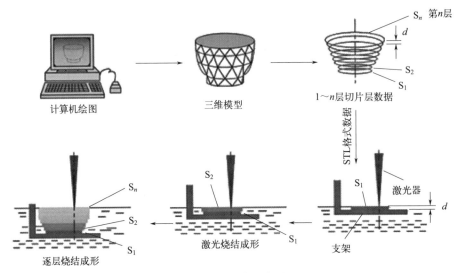

图 7.17 SLA 的工作原理

SLA 的特点是精度高、加工表面质量好、成形效率高,可形成薄壁、空心零件等形状特别复杂的零件,如发动机进排气管、家电产品的壳体、汽车缸体装配配件、工艺品等。在增材制造领域,大部分 3D 打印都采用 SLA。

2. 激光选区烧结

SLS 的材料为粉末,如塑料粉末、金属粉末、蜡粉末。加工前,把粉末材料平铺到成形模具的基板上,用水平铺粉刮刀将其刮平,首先将一层很薄(亚毫米级)的原材料粉末铺在工作台上,然后在计算机的控制下激光束通过扫描器以一定的速度和能量密度按分层面的二维数据进行扫描。激光扫描过的粉末烧结成具有一定厚度的实体片层，未扫描过的地方仍然保持松散的粉末状，一层扫描完毕后，对下一层进行扫描。根据物体的分层厚度升降工作台，铺粉滚筒再次将粉末铺平，然后开始新一层的扫描。如此反复，直至所有层面扫描完成。去掉多余粉末，并经过打磨、烘干等适当的后处理，即可获得成形件。图 7.18 所示为 SLS 的工作原理。

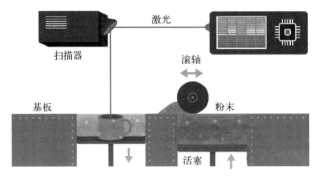

图 7.18　SLS 的工作原理

3. 薄材叠层快速成形

LOM 是应用广泛的一种快速成形技术，其成形系统主要由计算机、原材料送进机构、热压装置、激光切割系统、可升降工作台和数控系统等组成。其工作原理（图 7.19）如下。

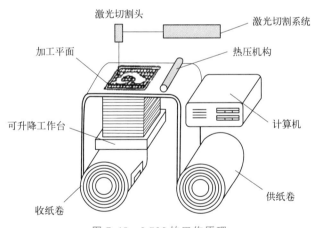

图 7.19　LOM 的工作原理

LOM 是根据三维模型每个横截面的轮廓线，在计算机的控制下发出控制激光切割系统的指令，使激光切割头做 X 方向和 Y 方向的移动。供料机构将涂有热熔胶黏剂的箔材（如涂覆纸、涂覆陶瓷箔、金属箔、塑料箔材）逐步送至可升降工作台的上方。激光切割系统按计算机提取的横截面轮廓用二氧化碳激光束将箔材沿轮廓线切割，并将无轮廓区切割成小碎片；然后热压机构将一层层纸压紧并黏结在一起，由可升降工作台支撑正在成形的工件，并在每层成形之后降低一个纸张厚度，以便送进、黏结和切割新的一层纸张；最后形成由许多小废料块包围的三维原型零件。加工完成后取出工件，剔除多余废料小块，最终获得三维产品。

快速成形制造过程也称数字化成形，三维模型在原型的整个制造过程中相当于产品在传统加工流程中的图样，三维模型为原型的制造过程提供数字信息。目前商用的造型软件有 Creo、UG、SolidWorks 等。三维模型建立好后，要对三维模型进行切片处理。因为 LOM 是按一层层的横截面轮廓来进行加工的，所以必须先进行切片处理，即用切片软件沿成形高度方向，每隔一定间隔进行切片处理，以便获取横截面轮廓。在加工过程中，需要控制好叠层实体工艺参数，叠层在制造过程中被可升降工作台带动频繁升降，为了实现原型和可升降工作台之间的连接，需要制作基底。设定好工艺参数后，设备便可根据给定工艺参数自动完成原型的所有叠层制造。

4. 三维打印

3DP 通过喷嘴将黏结剂（如硅胶）喷射到粉末材料表面，黏结剂将零件的横截面"印刷"在材料粉末上。因为此时黏结的零件强度较低，所以需做后处理以提高零件性能。3DP 的工作原理和传统喷墨打印的工作原理最为接近，所不同的是材料粉末不是通过烧结连接起来的，而是通过喷嘴喷射的黏结剂将零件的横截面"印刷"在材料粉末上，采用粉末材料（如陶瓷粉末、金属粉末等）成形。

喷嘴在计算机的控制下，按模型横截面的二维数据运行，选择性地在相应位置喷射黏结剂到粉末表面，最终构成层。在每一层黏结完毕后，成形缸下降一层厚度的距离，供粉缸上升一段高度，推出多余粉末，并由铺粉辊推到成形缸，铺平后被压实，喷嘴喷射黏结剂。如此循环，最终完成一个三维粉体的黏结。铺粉辊铺粉时，多余粉末被集粉装置收集。未被喷射黏结剂的地方为干粉，在成形过程中起支撑作用，成形结束后也容易去除。

3DP 的工作原理如图 7.20 所示。

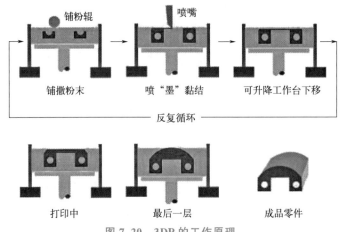

图 7.20 3DP 的工作原理

3DP 是继 FDM、SLS 以来应用广泛的快速成形技术，发展前景非常好。3DP 凭借其快捷、适用范围广、精度高等优势，受到很多优秀 3D 打印行业公司的关注。

7.3.4 3DP 的应用

随着市场发展的需要和 3DP 的不断发展，3DP 的应用已经十分广泛，从汽车制造、医疗、工业设计、家电、艺术品设计、生活品设计、教育领域，到航空航天、机械制造领域都有涉及，并且根据 3DP 打印材料的不同，其具体应用范围也有所不同。下面介绍 3DP 应用较为广泛的几个领域。

1. 汽车制造领域

3DP 在汽车制造领域用于快速成形制造工具、工装夹具、汽车零件等，尤其对于部分小批量定制工具的制造，3DP 可节省生产成本。世界著名的汽车配件企业——Solaxis 公司采用 3DP 将传统制造工艺所需的 16～20 周的整体设计和制造周期缩短了 3～5 周。

3DP 除了可以用于汽车零部件原型开发，还可以应用到汽车零部件的直接生产中。如今，在汽车工装生产方面，3DP 汽车工装正在替代传统的工装制造方式。

汽车制造业每年在工装上的耗费高达数十亿美元，通常需要钢制模具或压模，而上述模具的制造通常很耗时，其获取成本及维护成本也很高。采用 3DP 制造工装是一个很好的升级解决方案，其将缩短模具及压模耗费的制造时间和制造成本。

3DP 在汽车制造领域中的应用如图 7.21 所示，可见，汽车制造领域广泛采用了 3DP。

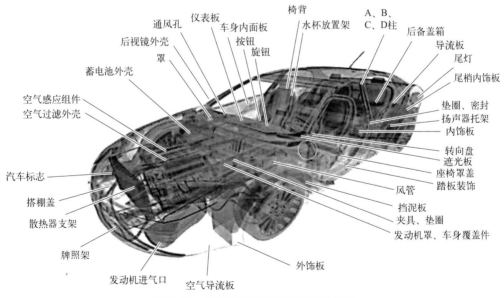

图 7.21　3DP 在汽车制造领域中的应用

例如，Solaxis 公司采用 3DP 制造了汽车车门封条装配夹具，达到了减重并提高精度的目的。传统上用于装配汽车零部件的夹具难以维护，因为它们是由金属制成的，有的甚至重达 70kg，所以一个工人无法轻松搬运。Solaxis 公司采用 3DP 制造的夹具比用传统方式制作的夹具减轻了 40kg，同时设计时间和制造时间至少缩短了 60%。

2. 医疗领域

随着生物医学材料研究的快速发展，3DP 在医学领域快速普及，各种假体、种植体可以替换患病部位的器官。首先根据超声波、CT 扫描等影像资料，利用计算机建立待替换部位的三维模型，然后将三维模型分层数据传输到 3DP 打印设备，利用生物材料作为成形材料可准确制造出适合患者的特定假体或种植体，如人工骨骼、人工耳朵等。

3DP 在齿科领域可以用于制作正畸模型，节省了时间、材料和存储空间，同时生产的矫治器更加准确、舒适。此外，可以将用 3DP 制作的牙齿准确种植到原来的位置，为患者带来福音。

用 3DP 制作的假肢不但外形逼真，而且配上机电控制系统或神经控制系统后的功能接近人体的真实情况，采用 3DP 制作的假肢越来越受到患者的欢迎。

另外，3DP 在医疗领域还可以用于手术规划模型、教学和培训及医疗器械的原型制作。现如今，采用 3DP 可以根据患者的成像数据打印出三维模型，在一次打印中可以模仿各种组织特性，更好地推动了 3DP 在医疗领域的发展。

3. 航空航天领域

在航空航天领域中，对飞行器（包括飞机、火箭、导弹等）的共性要求是材料质量小、强度高、耐高温，对形状要求也高，特别是对于小批量、多品种产品，非常适合采用 3DP 加工。3DP 可以解决航空航天领域的设计和制造难题，避免昂贵且耗时的加工及生产，实现更快的迭代、决策制定和对市场变化的反应。

很多国家将 3DP 视为提升航空航天领域水平的关键支撑技术。3DP 在航空航天领域的应用主要集中在外形验证、直接产品制造、精密熔模铸造的原型制造等。

波音公司采用 3DP 制造了约 300 种飞机零部件，包括将冷空气导入电子设备的形状复杂的导管。波音公司和霍尼韦尔还在研究采用 3DP 打印出机翼等更大型的产品。

空中客车公司在 A380 客舱里使用 3DP 打印的行李架，在"台风"战斗机中使用 3DP 打印的空调系统。空中客车公司提出"透明飞机概念"计划，制订了一张"路线图"，从打印飞机的小零部件开始一步步发展，预计在 2050 年用 3DP 打印出整架飞机。"概念飞机"本身有许多复杂的系统，如仿生的弯曲机身、能让乘客看到周围蓝天白云的透明机壳等，采用传统制造手段难以实现，而 3DP 或许是一条捷径。

一直走在制造业前端的 GE 航空是在制造过程中最先采用 3DP 的公司之一。2024 年 7 月 30 日，GE 航空宣布计划投资超过 10 亿美元建设 MRO（maintenance，repair，overhaul，设备管理与维护），投资的最大部分已被提出用于支持采用 3DP 打印的 CFM LEAP 发动机，以扩大该发动机的生产。该发动机由通用电气与法国航空航天制造商赛峰集团的合资企业 CFM 国际公司开发，为空客 A320neo、波音 737 MAX 等飞机提供动力。

在我国国产大飞机 C919 的制造过程中，有多个关键部件都采用了 3DP 进行制造。例如，C919 的钛合金中央翼缘条就是采用 3DP 制造的，这些部件的制造不仅解决了传统制造方法中的一些限制，如研发周期长、材料浪费等问题，而且提高了生产效率，降低了制造成本。3DP 的应用标志着我国在大飞机制造领域形成了具有自主知识产权的特色新技术。此外，3DP 的应用扩展到了飞机的其他关键部件，如挡流板和缓冲空气管等，不仅提高了飞机的性能，还降低了对飞机的维护成本。

瞄准大型飞机、航空发动机等国家重大战略需求，历经17年研究，北航在国际上首次全面突破了钛合金、超高强度钢等难加工大型复杂整体关键构件激光成形工艺、成套装备和应用关键技术，并已在飞机大型构件生产中研发出五代、十余型装备系统，已经受近十年的工程实际应用考验，使我国成为迄今唯一掌握大型整体钛合金关键构件激光成形技术并成功实现装机工程应用的国家。

4. 机械制造领域

在科学技术的快速发展下，机械制造领域应用的技术不断更新，并为其持续发展提供了充足的动力。3DP作为一种新兴技术，逐渐被应用于机械制造领域并在该领域产生了深远的影响。无论是机器中的机械零件、机械加工过程中的工装夹具，还是铸造与锻造用的各模具、仪器的壳体，3DP都有广泛应用。图7.22所示为采用3DP制造的典型机械零件。3DP也常用于制造模具，后来逐渐用于一些产品的直接制造。图7.23所示为采用3DP制造的模具。

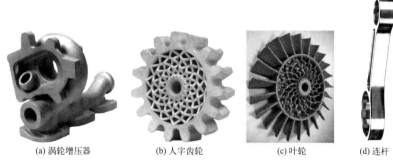

(a) 涡轮增压器　　(b) 人字齿轮　　(c) 叶轮　　(d) 连杆

图7.22　采用3DP制造的典型机械零件

图7.23　采用3DP制造的模具

3DP 为机械制造业的升级、转型奠定了良好的基础,是备受制造业关注的一种技术。为了较好地应用 3DP,在机械制造领域中开始将 CNC 技术与 3DP 结合,以促进产业的自动化发展。CNC 技术主要是指减材制造技术,它是通过不断消减原材料来形成理想实物的一种技术,将这两种技术融合可以解决现阶段利用数控技术无法完成的复杂产品,有助于减少原材料消耗及环境污染,实现相互补足,能够最大限度地提高产品生产的精确度。

3DP 的应用为生产力的整体提升创造了有利条件。在减少物资消耗的同时,工作效率有所提升。

7.4 智能化生产线与智慧工厂

7.4.1 自动化生产线与智能化生产线

生产线就是产品生产过程所经过的工艺路线,即从原材料进入生产现场开始,经过加工、运送、装配、检验等一系列生产活动所构成的路线。生产线按生产范围可分为产品生产线和零部件生产线;按生产节奏可分为流水生产线和非流水生产线;按自动化程度可分为自动化生产线和非自动化生产线;按融合技术的深度和广度可分为智能化生产线与非智能化生产线。

1. 自动化生产线

自动化生产线是指由自动化机器体系实现产品工艺过程的一种生产组织形式,它是在连续流水线生产方式的基础上进一步发展而来的。加工对象自动由一台机床传送到另一台机床,并由机床自动进行加工、装卸、检验等;工人的任务只是调整、监督和管理自动化生产线,而不参加直接操作;所有的机器设备都按统一的节奏运转,生产过程高度连续。

【拓展视频】

采用自动化生产线应满足以下基本条件。
(1) 生产的产品应有足够大的产量。
(2) 产品设计和工艺应先进、稳定、可靠,并在较长时间内基本保持不变。
(3) 在大批、大量生产中采用自动化生产线能提高劳动生产率、产品稳定性和产品质量。

不同产品对应的自动化生产线不同,但基本由四大模块组成,即由流水线安装模块、送料模块、加工模块、分拣模块组成。一些辅助装置按工艺顺序将机械加工装置连成一体,并控制液压,气压;电器系统将各部分动作联系起来,完成预定的生产任务。

自动化生产线采用组合式装配模式,以链板等为输送线体,电动、气动控制结合,利用各种机械手完成自动化生产,以满足汽车、家电、食品、电子等行业的自动化生产需求。

自动化生产线的关键技术主要有驱动技术、机械技术、传感技术、控制技术、人机接口技术、网络技术等。图 7.24 所示为自动化生产线局部图。

图 7.24 自动化生产线局部图

2. 智能化生产线

智能化生产线是自动化生产线的升级版，智能化生产线在自动化生产的过程中能够通过其核心"大脑"进行自动判断、分析及处理问题。智能化生产线是一种由智能机器和人类专家共同组成的人机一体化系统。

智能化生产线的工作原理是以现代传感技术、网络技术、自动化技术、拟人化技术、信息技术等先进技术为基础，进行感知、人机交互、分析、推理、判断、构思、决策，通过执行机构实现自动化过程的自主完成。同时，智能化具有收集、存贮、完善、共享、集成，发展与延伸人类部分脑力的能力。

智能化生产线是利用智能制造技术实现产品生产过程的一种生产组织形式，是智能制造技术的重要体现，在制造业中应用广泛。智能化生产线能实现自动化、高效率、高产量、连续性的生产工作，大量采用自动化设备，将关键工序智能化，关键工位由机器人替代，生产过程智能优化控制，极大地减少了人工劳动，在现代化工业生产中发挥着重要的作用。

在生产过程中，智能化生产线能以一种高度柔性的方式，借助计算机模拟人类专家的智能活动。智能化生产线也可被定义为：具备感知、人机交互能力，以预设的原则，经过分析、推理、判断后，驱动执行机构，实现产品稳定、高效、合格输出的柔性系统。

智能化生产线与自动化生产线有很大区别。自动化生产线是加工机械、输送机械、上下料机械、分拣机械等按生产要求编制的既定程序指令有序工作的系统；智能化生产线也是一种高端的自动化生产线，但其具备各类感知系统和人机交互的能力，能显示实时生产情况，判断产品质量、排除障碍等。

智能化生产线的主要特点如下。

（1）在生产和装配的过程中，能够通过传感器或射频识别自动采集数据，并通过电子看板显示实时生产状态。

（2）能够通过机器视觉和多种传感器进行质量检测，自动剔除不合格产品，并对采集的质量数据进行统计过程控制（SPC）分析，找出出现质量问题的原因。

（3）能够支持多种相似产品的混线生产和装配，灵活调整工艺，适用于小批量、多品种的生产模式。

（4）具有柔性，如果生产线上有设备出现故障，则能调整到其他设备上生产。

（5）针对人工操作的工位能够给予智能提示。

（6）用户可以自主定义生产模块，这些模块化生产线相互独立，具有更高的灵活性，可以带来更好的工艺技术以满足市场需要。

图7.25所示为煤炭机械制造领域中的智能化生产线。

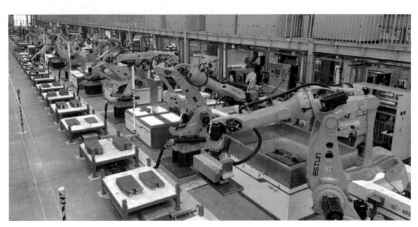

图 7.25　煤炭机械制造领域中的智能化生产线

3. 智能化生产线的建设模式

传统的生产线建设模式是自动化与信息化的融合，避免在落后的工艺基础上建设自动化生产线，避免在落后的管理基础上进行信息化，要在企业现有生产工艺的基础上升级改造，先根据自动化相关知识对不适应自动化升级的工艺进行优化，再反馈到生产线设计规划图中，对设计图进行优化，经过多次迭代修正，最终确定生产线布局。

智能化生产线包括以下三大模块。

（1）覆盖自动化设备、数字化车间、智慧工厂三个层次；贯穿智能制造六大环节（智能加工、智能装配、智能检测、智能物流、智能管理、智能监控）。

（2）融合数字化、自动化、信息化、智能化共性技术。

（3）包括智慧工厂与工厂控制系统、在制品与智能机器、在制品与工业云平台（及管理软件）、智能机器与智能机器、工厂控制系统与工厂云平台（及管理软件）、工厂云平台（及管理软件）与用户、工厂云平台（及管理软件）与协作平台、智能产品与工厂云平台（及管理软件）等通过工业互联网联接的全面解决方案。

智能化生产线的核心能力评定要素分别为生产线的生产效率及生产线的柔性程度，二者相互影响、相互制约。智能化生产线将自动化与信息化深度融合，在硬件设备被利用到极致的情况下，使用制造执行系统、数据采集系统、仿真系统、仓库管理系统等信息化手段对整个柔性智能化生产线进行整体化提升。图7.26所示为柔性智能自动化生产线，它由一台七轴机器人（作为搬运设备）、三台加工中心（作为工艺设备）、三坐标测量仪（作为检验设备）组成；传统的自动化建设方式仅仅是对这些标准设备进行集成，简单利用多台加工中心生产能力的矩阵集成效应，生产能力比单台加工中心高；但其实只是使用多台设备，从根本上来说设备

【拓展视频】

综合效率没有太大的改变，没有节约大量生产准备、生产线换产、物料配套及等待的时间。

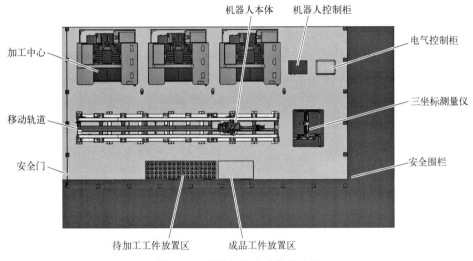

图 7.26　柔性智能自动化生产线

4. 智能化生产线的管控模式

智能化生产线柔性制造能力的核心是使用同一条生产线，对工艺具备一定相似性、尺寸在一定范围内的不同产品进行制造加工及装配的能力，智能化生产线柔性生产是利用设备本身的兼容性，根据产品更换工装的方式，对多类产品进行柔性制造的生产模式。对于军工、航空航天等特殊行业，其产品基本具有小批量、多种类的特性，而由于这种生产特性，加工任务卡生成后如何快速响应到生产线、生产线如何快速换产、生产过程状态如何实时监控，以及生成的数据如何作用于生产线本身等相关技术成为智能化生产线柔性制造能力建设的核心问题。生产设备的加工能力是恒定的，加工单元只是对生产设备进行了整合，真正想要提高设备利用率，必须通过信息化手段，多角度优化各种设备的等待时间，以将智能化生产线柔性制造能力发挥到最大。

柔性智能化生产线的管理系统作为一种先进的制造管理系统，通过由上至下的纵向综合管理模式，打通与制造执行系统、生产线中控系统、仓库管理系统的信息传递路线，以下发加工任务卡为起点，实现加工任务自动下发，生产线中控系统与仓库管理系统同步接收任务指令，生产线自动更换夹具，自动切换数控代码，仓库管理系统进行物料配送，以信息化的手段对生产线的生产能力及柔性制造能力指标进行管控。

该管理系统根据接收的生产任务信息自动处理零件产品的加工信息，形成具有一定格式的数据文件，根据每次加工零件的不同，接口软件动态调用对应的工艺技术文件和下位机生产控制指令代码，并把产品生产控制指令代码通过接口传递给生产线下位机控制系统，完成生产线加工换产。图 7.27 所示为生产流程管理示意图。

柔性智能化生产线的管理系统的总体架构分为三层。

该管理系统的最底层是生产线设备层，它是对生产线上的所有设备、设施及辅助机构

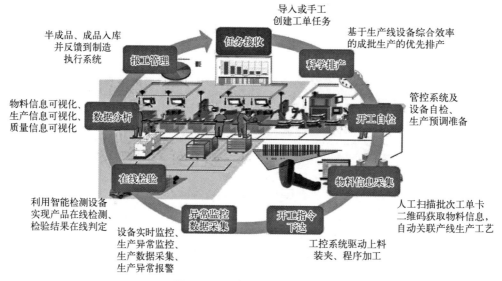

图 7.27　生产流程管理示意图

进行设备互联和执行下位机命令控制的基础通信层。

　　该管理系统的中间层是生产线控制层，负责承担生产线接收上位机生产指令和自动控制执行各设备单元机构使能动作部分。

　　该管理系统的顶层是生产线管理层，与车间级制造执行系统或企业资源计划系统实现生产计划业务对接，可接收厂级生产计划任务和生产准备信息，通过生产线管理系统自有的简单排产功能，实现生产线的科学排产和生产排班，并通过任务信息自动查询生产线产品加工基础库中对应的产品信息（如型号、规格、程序、工装、夹具、刀具、工艺路线等），自动匹配该产品的生产线制造工艺，实现生产线生产任务的自主管理与自动生产。

　　综上所述，生产线管理系统是维持生产线正常运行的核心组成部分，也是保证生产线高效率、智能化、高柔性运转的核心保障，通过数字化业务管控、工业总线控制、实时通信等技术将生产线上分散独立的设备联接成能进行相互通信、工业互联的整体单元，利用总线控制对生产线任务进行管理和规划，对资源进行全局调度，形成信息流闭环反馈机制，确保生产指令精确执行，从而确保整个生产线的正常运行。

7.4.2　数字化工厂与智慧工厂

　　智慧工厂是现代工厂信息化发展的新阶段。它是在数字化工厂的基础上，利用物联网技术、监控技术加强信息管理和服务，清楚掌握产品的产销流程，提高生产过程的可控性、减少生产线上人工的干预，及时且正确地采集生产线数据，以及合理化生产计划与生产进度，加上绿色智能的手段和智能系统等新兴技术于一体，构建一所高效节能、绿色环保、环境舒适的人性化工厂。智慧工厂是 IBM 智慧地球理念在制造业的实际应用。既然智慧工厂是在数字化工厂的基础上发展的，就要首先讨论数字化工厂的概念。

【拓展视频】

148

1. 数字化工厂

数字化工厂是借助信息化技术和数字化技术，通过集成、仿真、分析、控制等手段，在计算机虚拟环境中对产品整个生产过程进行仿真、评估和优化而形成的虚拟工厂。数字化工厂可以实现真实产品生命周期中的设计、制造、装配、物流等各方面的功能，并进一步扩展到整个产品生命周期，实现虚拟工厂和实际工厂的集成。

数字化工厂解决了产品设计和产品制造之间的"鸿沟"，完成了产品的设计、制造、装配、物流等各方面的功能，减少了从设计到生产制造之间的不确定性，在虚拟环境下将生产制造过程压缩或提前，并得以评估与检验，从而缩短产品从设计到生产的转化时间，提高产品的可靠性与成功率。

数字化工厂是现代数字制造技术与计算机仿真技术结合的产物，同时具有鲜明的特征。它的出现给基础制造业注入了新的活力，作为沟通产品设计和产品制造之间的桥梁。

数字化工厂包括产品开发数字化、生产准备数字化、制造数字化、管理数字化、营销数字化等。除了要对产品开发过程进行建模与仿真，还要根据产品的变化对生产系统的重组和运行进行仿真，使生产系统在投入运行前就了解系统的使用性能，分析其可靠性、经济性、质量、工期等，为生产过程优化和网络制造提供支持。

产品设计、生产规划与生产执行是数字化工厂的三大环节，其中涉及数字化建模、虚拟仿真、虚拟现实、增强现实等技术。

（1）产品设计环节：数字化建模是基础。

在产品设计环节，利用数字化建模技术为产品构建三维模型，能够有效降低物理实体样机制造和人员重复劳动所产生的成本。同时，三维模型涵盖了产品所有的几何制造信息与非几何制造信息，这些属性信息会通过 PDM/CPDM（产品数据管理/协同产品定义管理）等统一的数据平台伴随整个产品生命周期，是实现产品从设计端到制造端一体化的重要保证。

例如，中国空间站在设计过程中，通过数字化建模直接达成理想的三维模型，没有产生一张纸质图纸，这一过程体现了数字化建模技术在缩短研制周期方面的显著效果。传统的航天器研制和生产过程通常要经过从图纸到初样再到正样的程序，而数字化建模技术的应用使这一过程得以简化，直接从设计概念转化为数字模型，进而指导生产和组装，大大减少了设计和生产的时间。这种技术的应用不仅提高了设计效率，还避免了大量的重复性工作，使整个研制过程更加高效和精准。

（2）生产规划环节：工艺仿真是关键。

在生产规划环节，基于 PDM/CPDM 中同步的产品设计环节的数据，利用虚拟仿真技术可以对工厂的生产线布局、设备配置、生产制造工艺路径、物流等进行预规划。

虚拟仿真技术广泛应用于汽车、船舶及其他大型设备制造领域中。例如，南京越博动力系统股份有限公司采用虚拟仿真技术大大缩短了新车型的研发周期。该技术通过模拟汽车零部件的详细设计、性能测试、生产工艺流程模拟、碰撞测试、风洞测试等，确保了汽车的性能符合要求，同时优化了生产工艺流程，提高了生产效率和质量。此外，通过虚拟现实技术，企业能够在汽车实际生产之前预测其安全性、可靠性、动力性，从而对不满意

的地方进行改进设计，减少了物理样车的制作和测试成本，加速了产品的迭代和上市时间。

（3）生产执行环节：数据采集实时通信。

生产执行环节的数字化体现在制造执行系统（MES）与其他系统之间的互联互通上。MES与企业资源计划（ERP）系统、PDM/CPDM的集成能够保证所有相关产品属性信息从始至终保持同步，并实时更新。

图7.28所示为数字化工厂。

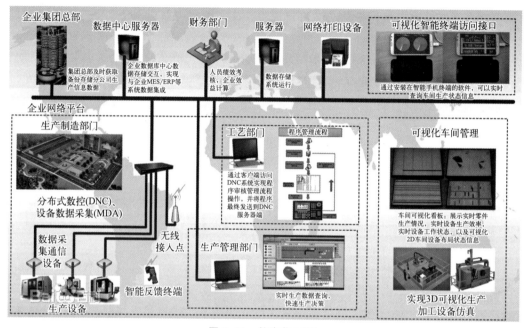

图7.28　数字化工厂

2. 智慧工厂

智慧工厂是以智能技术、数字技术、信息技术为基础，通过物理基础设施和信息基础设施的融合，整合工厂的人员、机器、设备和基础设施，实施多系统之间的实时管理、协调和控制，并以更加精细和动态的方式管理生产，达到"智慧"状态，从而提高工厂的管理效率和生产效率。

智慧工厂通过智能化的感知系统采集信息，然后通过数字化的方式将该信息转化为计算机可以理解的信息，通过信息系统的处理、分析，最后通过智能化系统中的自动化控制技术、显示技术对事件做出最佳动作，形成最优决策。智慧工厂可以分为基础设施层、智能装备层、智能生产线层、智能车间层和工厂管控层五个层级。智慧工厂的体系架构如图7.29所示。

智慧工厂的发展是智能工业发展的新方向。智慧工厂的基本特征如下。

（1）自主能力：可采集并理解外界和自身的信息，能分析、判断及规划自身行为。

（2）整体可视化技术的实践：可结合信号处理、推理预测、仿真及多媒体技术展示现实生活中的设计与制造过程。

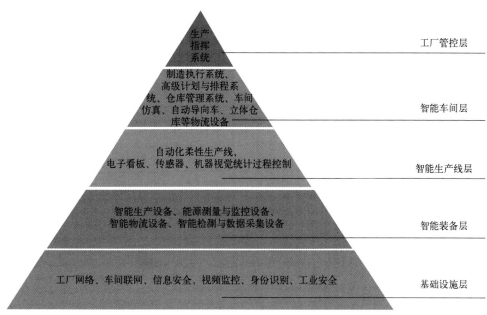

图 7.29　智慧工厂的体系架构

（3）协调、重组及扩充特性：可依据工作任务自行组成最佳的系统结构。

（4）自我学习及维护能力：利用系统自我学习能力，在制造过程中落实资料库补充及更新，并具有对故障排除与维护、通知正确的系统执行的能力。

（5）人机共存的系统：人机之间具备相互协调合作关系，各自在不同层次之间相辅相成。

3. 智慧工厂应满足的条件

制造业需要先进技术，如生产设备智能化、生产数据可视化、生产文档无纸化、生产过程透明化、生产现场无人化等，以实现灵活、高效、优质、低耗、清洁的生产过程。建立基于工业大数据和"互联网＋"的智慧工厂必须满足以下条件。

（1）生产设备智能化：实现各车间紧密关联。

物联网通过信息传感设备，实时采集任何需要监控、联接、互动的物品或过程等信息，其目的是实现物与物、物与人，所有物品与网络的联接，方便识别、管理和控制。传统的工业生产采用 M2M（machine to machine，设备与设备）的通信方式，实现了设备与设备之间的通信，而物联网通过 T2T（things to things，物品与物品）的通信方式实现人、设备和系统之间的智能化、交互式无缝联接。

在离散的制造车间，数控车削、铣削、刨削、磨削、铸造、锻造、铆接、焊接、加工中心等是主要生产资源。在生产过程中，将所有设备及工位统一联网管理，使设备与设备之间、设备与计算机之间联网通信，设备与工位人员紧密关联。

（2）生产数据可视化：利用大数据分析进行生产决策。

信息化与工业化快速融合，信息技术渗透到离散制造企业产业链的各环节，条形码、二维码、射频识别、工业传感器、工业自动控制系统、工业物联网、ERP 系统、CAD/

CAM/CAE/CAI 等技术在离散制造企业中得到了广泛应用，尤其是互联网、移动互联网、物联网等新一代信息技术在工业领域的应用，离散制造企业也进入互联网工业新的发展阶段，所拥有的数据日益丰富，离散制造企业生产线高速运转，采集和处理的数据量远大于企业中计算机和人工产生的数据，对数据的实时性要求也更高。

在生产现场，每隔几秒就要搜集一次数据，利用这些数据可以实现很多形式的分析，包括设备开机率、主轴运转率、主轴负载率、运行率、故障率、生产率、设备综合利用率、零部件合格率、质量百分比等。在生产过程中使用这些大数据能分析整个生产流程，了解每个环节是如何执行的，从而提高生产效率。一旦某个流程偏离了标准工艺，生产线就会发出报警信号，能更快速地发现错误或者瓶颈，也能更容易地解决问题。利用大数据技术，还可以对产品的生产过程建立虚拟模型，仿真并优化生产流程，当所有流程和绩效数据都能在系统中重建时，这种透明度有助于制造企业改进生产流程。

（3）生产文档无纸化：实现高效、绿色制造。

构建绿色制造体系，建设绿色工厂，实现生产洁净化、废物资源化、能源低碳化是制造业的重要战略。离散制造企业会产生繁多的纸质文件（如工艺过程卡片、零件蓝图、三维数模、刀具清单、质量文件等），这些纸质文件大多分散管理，不便于快速查找、集中共享和实时追踪，而且容易出现纸张浪费、丢失等乱象。对生产文档进行无纸化管理后，工作人员可在生产现场快速查询、浏览、下载所需生产信息，生产过程中产生的资料能够即时归档保存，大幅减少基于纸质文档的人工传递及流转时间，从而杜绝了文件、数据丢失乱象，进一步提高了生产准备效率和生产作业效率，实现绿色、无纸化生产。

（4）生产过程透明化：智能工厂的"神经系统"。

建设智慧工厂可促进制造工艺的仿真优化、数字化控制、状态信息实时监测和自适应控制，进而实现整个过程的智能管控。引进各类符合生产所需的智能装备，建立基于 MES 的车间级智能生产单元，可以提高精准制造、敏捷制造、透明制造的能力。

智慧工厂可使离散制造企业的生产过程实现自动化、智能化、数字化。首先，MES 借助信息传递对从订单下达到产品完成的整个生产过程进行优化管理，减少企业内部无附加值活动，有效指导工厂生产运作过程，提高企业及时交货能力；其次，MES 在企业和供应链间以双向交互的形式提供生产活动的基础信息，使计划、生产、资源密切配合，从而确保决策者和各级管理者在最短时间内掌握生产现场的变化，作出准确的判断并快速制定应对措施，保证生产计划得到合理而快速的修正，生产流程畅通，资源充分有效地得到利用，最大限度地提高生产效率。

（5）生产现场无人化：真正做到无人工厂。

工业机器人、机械手臂、数控机床等智能设备的广泛应用使工厂无人化制造成为可能。在离散制造企业的生产现场，数控加工中心、智能机器人、三坐标测量仪及其他所有柔性化制造单元进行自动化排产调度，对工件、物料、刀具进行自动化装卸调度，可以达到无人值守的全自动化生产模式。在不间断单元自动化生产的情况下，管理生产任务优先和暂缓，远程查看管理单元内的生产状态情况。如果生产中遇到问题，一旦解决，就立即恢复自动化生产，整个生产过程无须人工参与，可以真正实现无人智能生产。

4. 智慧工厂的模块组成

智慧工厂的核心特点在于智能。将一切工作程序智能化不仅能提高生产效率，还能降低生产成本、提高运营效率。

智能工厂由如下模块组成。

（1）新一代信息技术：如物联网、云计算及大数据等的融合。

（2）计算机辅助工具：如 CAD/CAM（计算机辅助设计与制造）、CAE（计算机辅助工程）、CAPP（计算机辅助工艺设计）、CAT（计算机辅助测试）、ICT（信息测试）、FCT（功能测试）等。

（3）计算机仿真工具：如物流仿真、工艺仿真、工程物理仿真（包括结构分析、声学分析、流体力学分析、热力学分析、运动分析、动力学分析、复合材料分析等）等。

（4）智能仓储装备：如自动备料、自动上料等。

（5）智能装备：智慧工厂中的最小单元，包含智能工业机器人、智能数控机床、增材制造装备、智能检测装备、智能传感器、智能控制装备、智能装配装备、其他辅助设备等。

（6）智能生产车间：如自动生产、组装、包装。

（7）智能质量控制：如自动质量控制。

（8）生产管理系统：如包含 ERP（企业资源计划）系统、MES（制造执行系统）、PLM（产品生命周期管理）系统及 PDM（产品数据管理）系统等。

（9）追溯管理：如追溯材料、生产、质量控制等各环节。

（10）可视化系统：如包含地理位置的可视化、工厂环境的可视化、设备资产的可视化、管线的可视化、监控的可视化、演示的可视化、虚拟巡检、培训考核、智能运营中心、消防预案等。

5. 智慧工厂的核心技术

智慧工厂的核心技术如下。

（1）控制器：智慧工厂的"大脑"。

控制器是指按照预定顺序改变主电路或控制电路的接线和改变电路中的电阻来控制电动机的启动、调速、制动和反向的主令装置。控制器由程序计数器、指令寄存器、指令译码器、时序产生器和操作控制器组成，它是发布命令的决策机构，完成协调和指挥整个计算机系统的操作。自动化工厂中常用的控制器有 PLC、工业控制计算机等。其中，PLC采用可编程的存储器，用于内部存储程序，执行逻辑运算、顺序控制、定时、计数与算术操作等面向用户的指令，并通过数字或模拟式输入/输出控制各种机械生产过程。

（2）工业机器人：智慧工厂中自动化工作的执行者、人类劳动的替代者。

工业机器人是自动执行工作的机器装置。它既可以接受人类指挥，又可以运行预先编好的程序，还可以根据以人工智能技术制定的原则纲领行动。它的任务是协助或取代人类工作。工业机器人一般由执行机构、驱动装置、检测装置和控制系统、复杂机械等组成。

（3）高端数控机床：智慧工厂中制造加工的执行者。

高端数控机床是智慧工厂中工件加工的主要设备。高端数控机床的质量直接影响产品

的质量，先进的高端数控机床是智慧工厂的根本。

（4）伺服电动机：智慧工厂的动力源。

伺服电动机是指在伺服系统中控制机械元件运转的电动机，它是一种间接变速装置。伺服电动机可控制速度，提高位置精度，可以将电压信号转变为转矩和转速以驱动控制对象。伺服电动机的转子转速受输入信号的控制并能快速反应，在自动控制系统中用作执行元件，并且具有机电时间常数小、线性度高等特性，可把接收的电信号转变为电动机轴上的角位移或角速度。伺服电动机可分为直流伺服电动机和交流伺服电动机两大类，其主要特点是信号电压为零时无自转现象，转速随转矩的增大而匀速下降。

（5）传感器：智慧工厂的"触觉"。

传感器（sensor）是一种检测装置，能感受被测量的信息，并能将感受到的信息按一定规律转变为电信号或其他形式的信息输出量，以满足信息的传输、处理、存储、显示、记录和控制等要求，它是实现自动检测和自动控制的重要装置。在现代工业生产，尤其是自动化生产过程中，要用各种传感器监视和控制生产过程中的参数，使设备工作在正常状态或最佳状态下，并使产品质量最好。因此，可以说，如果没有众多优良的传感器，现代化生产就失去了基础。

（6）变频器：智慧工厂的"交换器"。

变频器（frequency converter）是应用变频技术与微电子技术通过改变交流伺服电动机工作电源频率的方式来控制交流伺服电动机的电力控制设备。变频器主要由整流（交流变直流）、滤波、逆变（直流变交流）、制动单元、驱动单元、检测单元、微处理单元等组成。变频器靠内部绝缘栅双极型晶体管（IGBT）的开、断来调整输出电源的电压和频率，根据交流伺服电动机的实际需要提供电源电压，进而达到节能、调速的目的。另外，变频器有很多保护功能，如过流保护、过压保护、过载保护等。

（7）电磁阀：智慧工厂的"开关"。

电磁阀是用电磁控制的工业设备，是用来控制流体的自动化基础元件，属于执行器，并不限于液压、气动，在工业控制系统中用于调整介质的方向、流量、速度等参数。电磁阀可以配合不同的电路来实现预期的控制，而控制的精度和灵活性都能有所保证。电磁阀有很多种，不同的电磁阀在控制系统的不同位置发挥作用，常用的电磁阀有单向阀、安全阀、方向控制阀、速度调节阀等。

（8）工业相机：智慧工厂的"眼镜"。

工业相机是机器视觉系统中的关键组件，其功能是将光信号转换为 AFT‐808 小型高清工业相机的电信号。而工业相机一般安装在机器流水线上代替人眼来进行测量和判断，通过数字图像摄取目标转换成图像信号，传送给专用的图像处理系统，图像系统对这些信号进行运算来抽取目标的特征，进而根据判别结果控制现场的设备动作。

（9）仪器仪表：智慧工厂的"调节系统"。

仪器仪表（instrumentation and apparatus）是用以检测、测量、观察、计算物理量、物质成分、物性参数等的器具或设备，如真空检漏仪、压力表、测长仪、显微镜、乘法器等。在智慧工厂中，需要应用各种仪器仪表来控制参数值。

（10）自动化软件：智慧工厂的"心脏"。

由于工业控制系统的管控一体化使工业控制系统与传统 IT 管理系统及互联网相互联

通，内部越来越多地采用了自动化软件。常见的自动化软件是 SCADA（supervisory control and data acquisition，数据采集与监控）系统。它主要受计算机技术支撑，对生产过程进行自动化控制。SCADA 系统可以在无人看管的情况下，自动长时间精准监控生产，获取有效的信息数据，为监管者提供有力的评价参考。

（11）控制柜：智慧工厂的"中枢神经系统"。

控制柜（control panel）有电气控制柜、变频控制柜、低压控制柜、高压控制柜、水泵控制柜、电源控制柜、防爆控制柜、电梯控制柜、PLC 控制柜、消防控制柜、砖机控制柜等。智慧工厂中涉及电气控制柜、变频控制柜、电源控制柜、水泵控制柜等，应根据不同的需求选择不同的控制柜，以实现不同的控制功能。

建设一所合格的智慧工厂，只有掌握以上核心技术才能全面提高我国机械工业的科技水平和机械产品在世界上的核心竞争力。

本 章 小 结

（1）智能制造装备是指具有感知、分析、推理、决策、控制功能的制造装备，它是先进制造技术、信息技术、智能技术的集成和深度融合。

（2）数控机床有三种控制方式，即开环控制、闭环控制和半闭环控制。

（3）智能机床的主要特征：在新一代信息技术的基础上，将人工智能技术融入数控机床，利用自主感知与连接获取机床、加工、工况、环境的有关信息，通过自主学习与建模生成知识，并能应用这些知识进行自主优化与决策，具备自主控制与执行赋予机床学习的能力，可生成并积累知识。

（4）智能机床是一种具有感知功能、决策功能、控制功能、通信功能、学习功能的高端数控机床。

（5）增材制造又称快速成形、快速制造、3D 打印等，其内涵仍不断深化、扩展。

（6）自动化生产线是由自动化机器体系实现产品工艺过程的一种生产组织形式。它是在连续流水线生产方式的基础上进一步发展而来的。

（7）自动化生产线领域的关键技术主要有驱动技术、机械技术、传感技术、控制技术、人机接口技术、网络技术等

（8）智能化生产线是自动化生产线的升级版，智能化生产线在自动生产过程中能够通过其核心"大脑"自动判断、分析问题及处理问题。智能生产线是一种由智能机器和人类专家共同组成的人机一体化系统。

（9）数字化工厂是借助信息化和数字化技术，通过集成、仿真、分析、控制等手段，在计算机虚拟环境中对产品整个生产过程进行仿真、评估和优化而形成的虚拟工厂。数字化工厂实现真实产品生命周期中的设计、制造、装配、物流等功能，并扩展到整个产品生命周期，实现虚拟工厂和实际工厂的集成。

（10）智慧工厂是在数字化工厂的基础上，利用物联网技术、监控技术加强信息管理和服务，清楚掌握产销流程，提高生产过程的可控性，减少生产线上人工的干预，及时且正确地采集生产线数据，以及合理化生产计划编排与生产进度，加上绿色智能的手段和智

能系统等新兴技术于一体，构建一所高效节能、绿色环保、环境舒适的人性化工厂。

思 考 题

1. 智能制造装备有哪些？
2. 普通工业机器人与智能工业机器人的差别是什么？
3. 智能机床与数控机床的差别是什么？
4. 增材制造与减材制造特点分别是什么？
5. 常用的增材制造方法有哪几种？其工作原理分别是什么？
6. 什么是生产线？
7. 什么是自动化生产线？
8. 什么是智能化生产线？
9. 什么是数字化工厂？
10. 什么是智慧工厂？

参 考 文 献

邓朝晖，万林林，邓辉，等，2021. 智能制造技术基础 ［M］.2 版 . 武汉：华中科技大学出版社 .

董莉，2021.5G 技术与应用 ［M］. 北京：北京邮电大学出版社 .

范君艳，樊江玲，2019. 智能制造技术概论 ［M］. 武汉：华中科技大学出版社 .

郭宇，2017. 互联网＋智能制造：驱动制造业变革的新引擎 ［M］. 南京：江苏凤凰科学技术出版社 .

李培根，高亮，2021. 智能制造概论 ［M］. 北京：清华大学出版社 .

李向前，陈明，杨敏，2020. 转型：智能制造的新基建时代 ［M］. 上海：上海科学技术出版社 .

刘强，2020. 智能制造理论体系架构研究 ［J］. 中国机械工程，31（1）：24－36.

任庆国，2020. 智能制造技术概论 ［M］. 大连：大连理工大学出版社 .

王芳，赵中宁，2018. 智能制造基础与应用 ［M］. 北京：机械工业出版社 .

曾芬芳，景旭文，等，2001. 智能制造概论 ［M］. 北京：清华大学出版社 .

张鸿涛，周明宇，尹良，等，2021. 读懂 5G ［M］. 北京：北京邮电大学出版社 .

张小红，秦威，2019. 智能制造导论 ［M］. 上海：上海交通大学出版社 .

祝林，陈德航，2019. 智能制造概论 ［M］. 成都：西南交通大学出版社 .

中国轻工业信息网，2022 智能制造的核心技术之数字孪生 ［EB/OL］.（2022－04－06）［2024－07－02］. https：//www. clii. com. cn/lhrh/hyxx/202204/t20220406 _ 3953500. html.